后浪
小学堂 027

5日間で「自分の考え」をつくる本

5 天学会独立思考法则

如何打造
你的独特观点

［日］斋藤孝 著　巩露霞 译

北京联合出版公司
Beijing United Publishing Co.,Ltd.

序

5天集中训练讲义：形成"自己的想法"

有"自己的想法"，人生会因此大不相同

现代社会中，表达"自己想法"的机会日渐增加。以身边所见为例，发表书评或影评就是一种畅所欲言的机会。在过去，评价一部作品是评论家的工作。但是现在无论是谁都可以轻易地写出并发表书评或影评。无论购物网站、博客还是论坛，甚至社交网站，我们都能够在此向很多人尽情地表达自己的想法。

当然，无论再怎么写，也不能保证所有人都会来阅读你的评论。但是，如果可以写出专业而令人心悦诚服的言论，就会得到读者的高度赞扬。甚至，这些文章可能会出版成集，或者文章的作者会成为某杂志的特约专栏作者。

也就是说，依托网络平台，任何人都可以在同一高度共同竞争。从这点来看，可以说我们生存在一个无比有趣的时代。

此外，从企业招聘的要求来看，企业也更倾向于聘用"有想法"的人。无论在什么行业，今后的竞争只会更加激烈。因此，只会言听计从、说一做一的"思考停滞"型的人终究会被淘汰。相反，对于实实在在有"自己的想法"的人来说，相比以前，得到更好的机会的可能性会成倍增加。

在生活中与人交谈时，如果交流只是停留在日常对话这一基础水平，那就只能给人留下"无趣之人"这种印象了。因此，只有表达自己的想法和见解，才能使自己和别人之间产生更持久的关系。现在的时代已不再关注一个人所任职的公司以及头衔等虚名，倘若要寻求更紧密和更牢固的人际关系，那么一个人是否有想法以及其思考的深度，所获得的人际交往效果也会天差地别。

也就是说，有"自己的想法"，是在所有沟通中都不可欠缺的一个要素，它的重要程度也会不断加大。

创造现实的力量

我们在学校中没有接受过总结并发表"自己的想法"的训练。这一点，联想大学入学考试大概能说明一二。

比如说，语文考试时，试卷的题目不会问考生个人经历或者真实想法。更何况，即便写了自己思考的结果，也不会得分。我记得学生时代在准备考试时，自从注意到这一点，就几乎没有再写自己的想法，也能取得令人咋舌的优异成绩。

在此意义上，本书所希望读者掌握的"有想法"、有"自己的想法"，就是在历来学校的教育中几乎从未被关注，也没有训练过的新的"学习能力"。这种"学习能力"并非把书本上的知识点倒背如流，然后解答问题。而是要发散思维，从而思考出解决现实问题的能力。不管个人喜欢与否，都必须掌握这种能力。否则，就无法在以后的竞争中脱颖而出。

我们现在生存的世界中的游戏规则已经发生改变。然而，认识到这一点的人却很少。但是，如果对新的规则一无所知而参与游戏，并不能称为明智之举。

如此一来，在掌握新规则的基础上，整理对应该规则的练习，掌握赢得游戏的技能，就是本书的目标。

"付诸行动"是终极目标

需要强调的是，无论多大程度上能够发表"自己的想法"，如果这种言论仅是纸上谈兵的话也没有任何意义。最终的目标是在明确情况的基础上做出决策，并调动自己或周围人落实到行动，将事态发展引导至更好的方向。

说到"决策"，头脑中首先浮现的形象可能是组织领导者的工作。但是现在,"能够做出决策"这一能力已经成为所有人所需的条件了。也许稍微有些夸大其词,但这也是历史发展的潮流。

中世纪的欧洲是不重视"自己的想法"的。比起有"自己的想法",人们更多地会被问到是否能够准确地背诵《圣经》中的内容,以及是否能够准确地理解教会的教规。

同样,对于江户时代的武士来说,以《论语》或儒家思想为行为准则,如何坚持这一信念采取行动是他们的全部任务。可以说,由于武士们把生命交由君主,所以甚至连自己的想法都没有。萌生自己的想法才是一件危险的事。

但是今时不同往日。这是因为现代已经是自由社会,更是时代前进的结果。

像现代社会这样,各种新潮流迅速发展的情况下,如果只是坐等别人的指示或指导,转瞬间就会被时代抛弃。

况且,得到的指示也并非一定是对自己有利的。"把生命托付给公司"的人另当别论,如果自己不思考周全,分析风险后再采取行动的话,大概是永无出头之日吧。也就是说,我们要常常保持清醒的意识,不断要求自己具备并提高能够面对各种情况的能力。

本书就是把达到这样的程度作为最终目标。但考虑到现代人终日忙不停歇的情况,特分为下述5个步骤,只需短短"5天"便可掌握独立思考的能力。

第1天：在博客或社交网络上撰写书评，培养思考的感觉。

第2天：借鉴伟人们创造出的思考模式。

第3天：重新审视生活习惯，从而锻炼"思考体质"。

第4天：通过读书来提高素养，为话题提供论据支持。

第5天：准备万全，试着做出决策。

通过本书学习如何建立"自己的想法"，并以此调动自己或周围人，如果能在实际生活中带来改变，作为作者来说便是最大的喜悦了。

斋藤孝

目 录

序　5天集中训练讲义：形成"自己的想法"

　　有"自己的想法"，人生会因此大不相同　1
　　创造现实的力量　2
　　"付诸行动"是终极目标　3

第1天　通过写评论提高思考能力
　　形成"自己的想法"的基础课

　　寥寥数行的评论，锻炼"自己的想法"　3
　　好的评论可以"为社会做出贡献"　6
　　提取自己"体会深刻的部分"　8
　　避免批评，多赞扬　10
　　明确自己的"背景"　12
　　好评论需要"掏腰包"　13
　　"手把手指导"是评论的有效方法　15
　　可以只对一部分进行"限定评论"　16

说明"立场" 18
从"制作者角度"得出的评论也很有趣 20
"制作者视角"会孕育真正的制作者 22
避免精神论和抽象表达 24
通过"引用",提高价值 25

第2天　掌握思考技能的基本准备
名为思路的武器

比较①　考虑"有何不同" 31

比较②　将一篇文章分为两部分 32

比较③　从毫不相似的事物中寻找共同点 35

运用比喻①　联想比喻形象 37

运用比喻②　借鉴"优秀人物"的比喻手法 39

运用比喻③　接触"电影制作背后的故事" 42

辩证法的思考①　激发思考的智慧 44

辩证法的思考②　适用于运动和武道的训练 46

辩证法的思考③　硬性要求提出反对命题 48

现象学的思考①　抛去对经验真理的确信 49

现象学的思考②　重新贴"标签" 51

现象学的思考③　以产出为前提,会更用心观察 53

现象学的思考④　重返童心 55

系统思考①　准备、灵活、反馈是社会人的基本能力 56

系统思考②　养成俯瞰全貌的习惯 58

系统思考③　图解系统 60

目 录

　　系统思考④ "解"在事物关系中　61
　　实践是理论学习的意义　64

第3天　改变行动的习惯
　　锻炼沟通能力和联想力

　　"头脑聪明"的标志是词汇能力　69
　　利用电视、广播电台打磨用词的格调　70
　　尝试将听到的话转述给别人　73
　　准备能够成功加入谈话的小话题　74
　　以"边框化"的概念观察世界　76
　　所谓"思考"，就是熟练运用"概念"　78
　　从"概念"中得到灵感　80
　　"不按常理出牌"就手足无措　81
　　"人类要登上月球"的胡思乱想促使科技飞跃　83
　　通过"提问能力"聚焦思考点　85
　　每个人都应该成为"咨询顾问"的时代　87
　　缓解压力的第一步是温暖身体　89
　　推荐公司内部团建　91
　　尝试随着音乐摇摆身体　92
　　"玩心"丰富想法　94

第4天　深化"自己的想法"的读书方法
　　深化思考最高效的方法

　　"畅销书"是最合适的谈话素材　99
　　通过读书掌握思想的"耐力"　101

在书店沐浴"知识的光辉" 102
不现于图书馆与网络，仅现于书店的东西 104
从所买的书中"回本"的方法 106
古书典籍最具性价比 108
"古典力"的魅力使发言有分量 109
读书经历＋实际经历能够创造独特的小话题 111
读书有两种模式 113
30分钟读完一本书 115
一本书中摘取三段文字 117
小说的精妙之处在于"让心愉快地玩乐" 119
小说因价值观不同而有趣 120
推理小说是特效药 122
阅读报纸，提高对社会的敏感度 124
相比网络，杂志更能高效地收集信息 125
如果自己是杂志编辑 127

第5天　加速决断的思考方法
改变"现实"的力量
所有职场人士都不可欠缺的"决断力" 131
与人交谈，整理论点 132
直面消极想法 134
为了锻炼决断力，要确保"口分田" 136
跟随"优秀"的人 138
当事人意识能活跃大脑 139

"思考"有两种　141
"第一反应"源自经验　142
增加"预想情况"　143
决定待完成事项的优先顺序　146
会议发言要控制在十秒以内　148
积极参加会议的"三要素"　149
各自提出具体的"想法"　151
持续思考的能量根源　153

后记　157

出版后记　159

第 1 天

通过写评论提高思考能力

形成"自己的想法"的基础课

寥寥数行的评论,锻炼"自己的想法"

假设看到报纸上的一则报道后,被问及"您有何高见呢",你是否有自信能够立刻给出条理清晰、有主见的答案呢?

当然,会有"要根据报道的内容来考虑"这种看法吧。如果对该领域有相应的知识储备的话,会容易回答,但如果是不了解的领域,那可能就会出现语塞的情况。

但是,作为有"自己的想法"的人,如果遇到不熟悉的领域就沉默不语,这是不可行的。因此,无论面对怎样的事,首先应该具备的一种状态是"**耳闻目睹之事,皆可谈论**"。

这就是第一步。对于任何一个问题都能侃侃而谈,并做出一个完美的回应。这就是我们要达到的目标。

不过也没有必要摆出一副咄咄逼人的态度。虽说要有"自己的想法",不用考虑所有事物,但要表达的内容全都是"个人想法"的话也是非常痛苦的。

从感觉上说来,八分堆砌事实或信息等,剩下二分添加个人色彩。这就是我们所说的"自己的想法"。

首先从身边的事例谈起,想向大家推荐写书评或影评。

这个社会已经进入了"全民评论的时代"。借助网络,任何人都可以对任何事物加以评论。评论的潜在读者不仅限于国内,而是分布在全世界。

当然,这是从未经历过的时代。

在这个时代里,**如果能发表出真知灼见,就会被人们认为是非常"有独到见解"的人。**

即便一开始是无名小卒,写出的评论广受赞誉的话也会名声大噪,继而成为评论家或出书这样的事例也并不少见。

虽然没有必要力图出名,但既然写出了作品,就想要有更多的人能够阅读,并收获赞同或感到惊奇吧。事实上,众所周知,评价

第1天　通过写评论提高思考能力

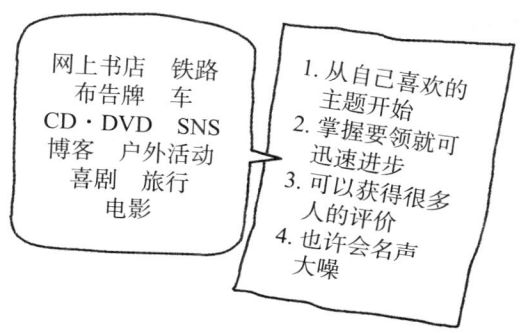

一个评论的标准也是多种多样的。

如果能够收获读者这样的反应，对自己的看法也会更有自信，这也会关系到你的心情。另一方面，假设因为误解而写了道理不通的评论，那也没有必要觉得应该为此承担责任。

是非姑且不论，网络上议论不充分的文章数不胜数，而且自己写的文章也多半可能会被无视，所以即便不幸被看到最多也就是被嘲讽罢了。

在这个意义上，作为发表"自己的想法"的初级训练手段，可以说写评论是再适合不过的了。

当然，评论对象不仅限于电影或书籍。像感兴趣的铁路或车；商店或商品；再或者旅游景点和地区，都可以成为我们评论的对象。

无论评论什么样的事物，自己是否有话可说，比起感觉，更重

如何打造你的独特观点

要的是将之看成是练习。

首先,要从自己头脑中已有的经历和知识储备中提取出一些东西,关于这些经历和知识你觉得"我好像可以对此发表一些评论"。如果是音乐爱好者,那何不尝试给自己喜欢的专辑写一个评论呢?

好的评论可以"为社会做出贡献"

优秀的评论,对于读者来说会有非凡的价值。

比如,提到莫扎特,应该没有人会对这个名字无动于衷。但是当谈论到知道几首他的作品时,就会无法马上回答;心血来潮想听一些曲目时,也不知道从何入手,这样的人比比皆是。实际上,在古典音乐方面,除了一些非常有名的作品,也存在没有知识储备就很难沉浸其中、尽情享受的曲目。

因此,假设一位对古典音乐颇有研究的人告诉我们"这张CD的这首曲子要这样听才优美",这样的建议如果能谨记在心,那么即便第一次听,在听觉享受上也会大有差异。

也有可能会以此为契机,喜欢上莫扎特,进而对古典音乐更加感兴趣,主动听更多的古典曲目,最终可能还会形成自己独特的听音乐的方法。稍微夸张地说,一条评论或一句建议,**都会为他人打开一个全新的世界。**

在现代艺术的世界，这种效果更为显著。比如说，如果没有任何知识储备就去参观杰克逊·波洛克、保罗·克利等艺术家的作品，大概很多人都只能是一头雾水吧。但是，如果能在这些作品下方配上精辟的评论，即便字数很少，参观者也能对画作的内容有所了解。

也就是说，评论就像是梯子一样。

无论是谁都可以借助这个梯子，更上一层台阶，并从中有所收获。通过眼前景色的变化，摆脱"不明所以"的状态。

如果有过这样的经历，那么日后无论是想要更深入地了解画作，还是想打造自己的梯子，抑或是看过后就抛诸脑后，就都是个人的选择了。可无论做出什么样的选择，也好过一直都是一无所知的状态。

这也是丰富人生的一种途径。

我在日常生活中经常会利用各种评论。在购买电影的 DVD 时，如果对电影内容或重点有粗略了解的话就会十分方便。此外也会参考导演和演员的相关信息以及观影者的影评。尽可能多地阅读这些内容，并以此为基础最终来决定是否购买。

图书、CD 也是同理，也需要阅读大量评论，综合多种观点来做判断。我以前几乎不看他人观点就购买书和 CD，再加上本来购买的数量也多，于是就有很多"不满意"的书和 CD。从这样的经历中我深感盲目购买就是白费时间和钱，因此希望能在购买前尽可能地仔细斟酌，而作为辅助决定的绝佳材料就是他人的评论。

在此过程中，我也学到了如何看待评论。当然，虽然无法与评论者本人当面交流，但是怎样的评论才可以相信，评论中是否有夸张和失实之处，以及评论是在对书的内容理解到何种程度写下的……这些问题都可以大致了解，仿佛是"评论'评论'家"一样。

那么，接下来将分步骤说明你应该写出怎样的评论。

提取自己"体会深刻的部分"

评论的最大关键在于评价而不是感想。

"喜欢这首曲子"，这句话**仅仅说明了个人喜好，对读者来说毫无意义**。或者，如果只是说出了这首曲子会流行起来的原因，那也不能称为一篇好的评论。人皆往右，我不出左，这样一种随波逐流的言论只不过是更加印证了这个人没有"自己的想法"，无法"独立思考"这一事实。

重要的是对于评论的对象有着怎样的追求，要用怎样的态度讲述。这种独特的"执着"和"偏爱"，就是吸引他人之处。可以说，就是要提出"一家之言"。

虽说如此，也没有必要成为疯狂的爱好者。首先要将自己体会深刻的部分提取出来并加以展示。

第1天 通过写评论提高思考能力

撰写评论的关键分为以下几个方面。首先关于评论对象，要准确把握并归纳内容。如果把评论全体的单位看作10分，即便对象的概括整理占到其中的6~8分，作为评论文也是可以成立的。"自己的想法"占到2分也是十分足够的。

倒不如说百分之百用自己的评论组成文章才有问题。因为这样一来不仅作者本人非常疲惫，读者也会觉得索然无味。说到底，评论就是讲述一些关于对象的内容，然后对此阐述自己的意见和看法等。

也可以说，评论就像一个工作的黑匣子。无论是电影、书或是音乐，输入什么内容，都会经过变换再输出，这就是"自己的想法"。没有输入就没有输出，如果把一个没有任何内涵的箱子展现给他人，是没有人会对此感兴趣的。

因此，首先**请尝试参考其他人的评论**。比如浏览亚马逊网上购物商城的网页，不仅有对商品的评价，也有对该评价本身的评论。我们会看到这样的问题：这条评论对您有用吗，可以点击"是"或"否"。另外在"买家评论"中，也按照"最有帮助的评论"这一顺序排序。

关于自己所知道的电影、书和CD，其他人是如何评论的呢？选取最有帮助的评论，对感觉良好的评论稍加浏览，就可以大致抓住要点了。

那么，怎样的评论比较受赞同呢？以图书为例，能够**准确归纳内容的评论**会得到更多赞同。能够了解到这是一本怎样的书，的确具有很高的参考价值。

避免批评，多赞扬

相反，几乎不受赞同的评论都或多或少存在问题。要么是对商品的看法有失偏颇，要么是一味地进行与内容无关的批判或者诽谤中伤。这样的评论者可能是想要通过"特立独行"来表现自己的"与众不同"，但这其实是不可取的行为。

与此类似，**也最好要避免消极负面的评论**。无论读过的书再怎么与期待相差甚远，当使用"我很讨厌""绝不能原谅""失望透顶"等表达时,就不能再称之为评论了。

这就有点类似于在餐馆等地方和同事朋友的闲聊。在这样的场合中,虽然可能会一时兴起说坏话、粗话,或者发牢骚也情有可原,但这些话语应该是不可以输入评论栏里,然后被大多数人看到的吧。

还有,"无聊至极""毫无用处"等评论**直截了当地写出来也是存在风险的**。这是因为我们本身可能对内容存在误解,或原本就买错了书。

尤其是对于畅销书来说,因为也有不仔细思量就购买的情况,就容易成为被攻击的对象。评论者也倾向于"兵出奇招,肆意批判"。

评论已经失去了中肯的立场,而只是一味地侮辱和蔑视,有时会使其他人对评论者的人格产生怀疑。也就是说,容易"引火烧身"。**换言之,批判性的评论在理解内容方面的难度会更大。**

不过,即便正确把握了内容,也应避免过于辛辣的言辞。倒不如说,严厉的评论越是准确,被评价的一方就越是怒不可遏。不仅是作为当事人的作者,也可能会伤及书迷们。批判性的评论者故意与多数人为敌,然后就会受到接连不断的反击,其实是没有必要承担这样的风险的。

不要执着于这样"有问题"的书,世间还有数不胜数的好书。邂逅这样的好书,摘取优秀的部分予以评论,得到其他读者的共鸣，这样的评论不是更有价值吗？

实际上，如果是正面赞扬的评论，即便这种积极的评价是误读，也可以被原谅，因为不会对书的作者以及相关人员造成伤害。阅读评论的人也会稍稍感叹"这家伙，理解错了啊"，就此一笑而过，这大概就是在网上发表评论的轻松之处。

明确自己的"背景"

尽量明确自己的立场，也是一种评论的礼仪。

针对某一对象书写评论时，如果事实上对这个对象不怎么熟悉的话，就要直白告知自己的不了解。也就是说，要写明自己的"背景"。

比如说，在写一篇影评时，要诚实地说明"这是我看的这个导演的第三部导演作品""平时不怎么看电影"，或者类似于"从事舞台相关的工作""与主人公有相似的经历"的说明也可以。这是一种提供给读者的信息，是一种服务。

这样一来，可以提出比如"与前两部作品相比，这部作品的表现力略显不足"或"真实的拍摄现场没有这么残酷"等评价。读者通过阅读这样的评论，就会再次思考"前两部作品也是很有趣吗"或者"这个行业是这样的吗"，这样的信息作为评论，可以说是效果显著。

在其他情况，表明"背景"也是十分重要的。

比如在评价一家寿司店时，几乎不怎么去寿司店、总是去便宜的店以及讲究吃食的人，各自的评价标准都是不一样的。

对于讲究吃食的人，遇到水平或格调稍微低一点的店，往往会以"高高在上"的态度给予过分严苛的评价。个人的优越感虽然得到了满足，但对于喜欢这家店、觉得这家店物美价廉的人来说，无疑会让人心生不悦。

只要有钱就能随意出入的高级餐厅要多少有多少，但是能进入这种餐厅的人毕竟屈指可数。这样看似理所当然提出的标准，恐怕也很难引起大多数人的共鸣吧。美食文化奥妙高深，**即便是相同的"美味"，根据数百元、数千元和数万元的价格，观点也全然不同。**

当然，对食物的喜好因人而异，各有见地也在所难免。正因如此，评论者如实交代个人经历是很重要的。

涉及到经济实力的问题，难以下笔的内容也有不少，但是哪怕只是添加"平时吃习惯了的餐厅"或者"好不容易去一次""心一横就去了的一家餐厅"等信息，也会让评论给人的感觉大不相同。之后，读者对评论会自行斟酌或夸大理解。

好评论需要"掏腰包"

评论中意外得到的有用信息就是与成本的比较。

各种各样的商品和服务一定有价格。要表现这一点，若能有

"如果是这种程度的性价比，就足够了"这样写法的话，说服力就会大大提高。因为能够给读者带来更真实、更直接的印象。

假设对于某部电影的DVD做这样的评论："2000~3000日元的话会觉得不合算，但是因为只花了500日元，这样的质量倒也可以接受。"比起单纯地写"有趣"或"无聊"，更能让人切身感受到作品的质量。再或者说，"真想让商家退我××日元""虽然花了××日元，但是完全觉得物有所值"，这样的评论也有十分高的可信度。

这些评论的共同之处在于有**一种当事人意识**。只有自己亲身经历，才能由衷发出赞叹或牢骚。可以说，"得失计算"想要有效果，要基于价格这一明确的标准来做出评价。因此，评论也更有说服力。

反过来说，要写出好的评论，"掏腰包"必不可少。如果说这一点是佐证是否有当事人意识的关键，并非言过其实。

但是，**现代社会中免费或者接近免费的物品泛滥成灾**。日本的民营电视台从很久之前开始就是免费的。图书也是如此，去图书馆时，排队等待的人也可免费阅读畅销作品。网络上的信息也几乎都是免费提供。

不可否认，免费提供这些资料信息带来了便利。但同时也会剥夺成为当事人的机会。比如即便是同一本书，从图书馆借阅的人和哪怕是只花100日元从二手书店买来的人，阅读时的心理也会不同，评论的内容也应该会有差异。

因此，我也经常会对学生说，"书不花钱买的话你就不会好好读的"。虽不至于夸张地称之为"风险",但是本来不支付赌金就是不能参加游戏的。"既然付了钱就不想浪费"这样的心理使我们不得不摆出认真的姿态。比起敷衍了事地接触免费的东西,从结果上来看,有偿付出能使我们收获更多。

而且,所谓"掏腰包",并非仅仅代指金钱。时间比起金钱也是更不可重复获取的重要资源。并且时间可以说是人生中最大且有限的资产。

比如说,假设阅读某本书要花 10 个小时。那么之后,会觉得"这是一本值得花 10 个小时读的书"呢,还是会后悔"平白浪费了 10 个小时"?年轻时这种感觉也许不会很强烈,但实际上这之间的差异是非常大的。

"手把手指导"是评论的有效方法

在评论中,有经常面向入门人士或无经验的人进行的"手把手指导"。这对读者来说也是弥足珍贵的。

比如在评价一家餐馆时,经常会有如"首先要品尝这个""按照这个次序点餐,上菜会很快""这道菜价格很低,但是量很足"等内容。

或者评价系列书籍或电影时,也会有这样的解说。"先从第三部开始看起比较容易理解"或"第五部是优秀的作品",读者会因此大大节约金钱和时间。对于CD的评价也是同样的道理,如果能有"推荐从这张专辑开始听这个音乐家"之类的引导,对于初学者来说非常有帮助。对于这种亲切友好的帮助,读者也一定会由衷送上掌声。

当然,既然如此具体地为别人推荐,那也伴随着相应的责任。"你说的好像不对吧""按照你写的这样做,我受到了损失",也可能会遭受这样的批评。这时,是否有自信能够有理有据地反驳呢?这也可以称为一种当事人意识。

或者,即便有人没有如此强烈的使命感,但也可以写出有参考价值的评论。只要坦诚地写出自己的失败经历就可以了。

比如关于日用品或食品,"比想象中的更难使用""吃腻了,最后腐烂了""不符合我的体质",如果有这样具体的表述,关于这件商品的信息,就能更加全面清晰地传达给读者了。这并非贬低商品本身,而是表现一个使用者的真实体验罢了。

如果是这样的评论,读者就能够根据自身情况来考虑自己是否可能会有类似的不适。这样一来,参照其他人的经历不购买这件商品也可以;觉得对自己来说并不是什么问题,从而选择购买。也就是说,"个人失败经历"提出了有关这个商品的新观点。

可以只对一部分进行"限定评论"

有两大类信息应该体现在评论中。

第 1 天　通过写评论提高思考能力

一个是关于对象本身的介绍，另一个是交代对象的相关信息。概括内容、涉及同一艺术家的其他作品；或与其他艺术家的类似作品作比较等这类的信息。如果能添加此类信息，就能够更全面地评价一个对象。

但是，无论哪一部分，都不宜字数过多。归纳的话，最多一二百字就足够。但要注意，如果是概要的话，平铺直叙就会缺少可读性。正因为想要介绍自己认为最重要的部分，所以评论才有意义。

比如说，提出"这本书即便只读这一章也会获益良多"，然后简单介绍内容和理由。实际上这也是写评论时需要注意的部分，应该是十分好写的。通过集中评论某一部分，才能对此产生热情。

原本评论的基本就在于"尊重"，正因为对所关注的对象有热情，才想要用语言表达出来，并将这份热情传递给别人，基于这样的心情动笔写下评论。虽然如此，这样的评论是否能够尊重作品的全部，也不可一概而论。

因此，只要选摘尊重的部分进行评论即可。评论小说可以写"只有这个角色十分有魅力"，对于电影可以说"服装非常惊艳"，对于 CD 则可以评价"只有吉他独奏非常美妙"，等等。只评论有感触的地方，就能够写出满怀热情的评论了。

但无论如何都想批评两句时，也最好加上"仅就这部分而言"或"只有这部作品不太符合我的心意"等限定性的语句。否则，就容易变成肆意贬低了。

"我谨以我的立场发言",用这样的开头来开始一次辩论。实际上,这是来自古代希腊的哲人苏格拉底和柏拉图时代的智慧。

与此对照鲜明的是互联网上随处可见的全盘否定以及人格批判。"有失专业水准""完全浪费时间""下台吧"等说法,有些言论已经和侮辱毫无区别,这种完全不可取。再对比古代希腊的智慧,这两者形成了强烈的反差。

如果作品中没有值得尊重的地方,就要在文章中如实写明。敷衍了事地说客套话,或是一味地批评,这两种方式对于读者来说没有任何意义。当面对这样的对象,最好从一开始就决定不发表评论。

换言之,我们在写评论时要限制评论的范围。如前所述,明确个人立场也是一种限制,只选取对象作品的一部分或者从某一特定的观点角度进行评论都是限制。这样一来,"**限定 × 限定**"**的形式更能体现自己思考上的独特性**。这也可以说是好评论的必备条件。

说明"立场"

不久之前,改编自越谷治畅销作品的电影《向阳处的她》很热门。对于这部作品,假设有以下评论。

"本来是当作可以学习如何受女生欢迎的教科书看的,但是有很多是从女生角度说的话，于是感到迷惑。不过想想，正是因为小说细腻地表现了女生的心情才会成为畅销书，并改编成电影。让我了解到女生与男生完全不同的一些想法，可以说是一部好书啊。"

在这里，评论者的立场是"想要受女生欢迎"。因为有了这样的限制才更容易评论，就可以和一般的影评产生区别。不带着批判的眼光来看待整部电影这种做法也是可取的。

哲学家康德曾说过："我们其实根本不可能认识到事物的真性。"即便眼前有一个事物，我们也不能断言"这是什么"，只能说"看起来像是这样"或"感觉上是这样"。

比如说，假设这里有一棵树。我们可以为这棵树起一个名字，但这并不能把握这个物体本身。在这棵树上栖息的小鸟，在树干上爬的虫子，对于这棵树各自都有与人类不同的看法。

虽然稍微有点夸张，但是写评论也是同样的道理。断言"这部作品是什么"时当然心情畅快，但最终也不过是片面之词。这样的话就应该有些自知之明，采取"从这个角度理解的话是这样的"这种写法更正确，也容易下笔。要想通这就是所谓的"评论方法"。

但是，如果过于谦虚的话，评论中所得出的结论的说服力就会变弱，可能会失去气势。

为防止出现这种情况，**就要在文章中做到张弛有度**。比如事实等内容，确定无疑的事实就要明明白白地表达出来。关于意见的部分,就要说"从这个观点来看是这样的"。如果能如此区分存疑与确信的语气,读者就会明白这并非感性的价值判断,而是由个人的观点思考而产生的发言。

能够自觉对评论做出这样的限定的人,可以说拥有绝佳的思考能力。这种思考能力,就是有"自己的想法"的证据。

从"制作者角度"得出的评论也很有趣

每次读影评时,不知不觉总会觉得有些语句仿佛是站在"制作者角度"陈述的。比如类似于这样的想法,"如果是我的话就会表现这样一个故事""应该邀请那位演员"。

这应该也可算是评论的一种有趣之处吧。且不说评论者实际上是否具备制作人相关的技术或能力,但这样说说也无妨。如果是从阐述意见的角度,也是合适并可以得到认同的。

比如说,以领队的态度来观看职业棒球比赛的人并不在少数。大家会朝着电视说,"这是投手替补吧""除了抢分已别无他法了"。正是因为站在完全不用承担责任的立场上,才能畅所欲言,表达得畅快淋漓。

以前,有位棒球联盟选手说过一些很有意思的故事。在队伍的粉丝中,有位非常热情的支持者,如果他热爱的队伍输了比赛,就会在网上发表一些尖刻的评论。内容涵盖了从技术到战术的各个方面，笔触十分专业。

有一天，球队以粉丝见面会为名举办了联欢会。之前提到的那位喜欢吹毛求疵的支持者也参加了，会上全员参与了练习比赛。

因为是门外汉的集合，每个人的实力存在差距，但特别拖队伍后腿的就是那位热血支持者。与专业选手相比，动作迟钝无可避免，但是在众多粉丝之中，他的表现也不是很好，技术非常差劲。这也可以看出无论是他之前提到出色的技术还是战术，确实都是纸上谈兵，他也不用为此承担任何责任。

那么，要说目睹了这一切的棒球选手生气吗？事实却并非如此。倒不如说很感谢这位支持者，甚至还觉得他可爱。因为"那个人的球技明明这么差劲，但却能认真分析球队落败的原因"。

后来，那位支持者也依然持续着言辞犀利的言论，但是这位选手相比以前，更能冷静地将这种评论理解为一种"爱的激励"。

这也是一种真理吧。无论是怎样的领域，所谓专家，在某种意义上就指的是要应对残酷状况的一些人。他们工作的基础是为此付出的人的存在。

这样说来，后者对前者心生抱怨也是理所应当。诽谤中伤之类的言论不在讨论范围内，但是诸如"这样的话是不行的""这样的话能够做得更好"等斥责性的激励，即使不需要负任何责任也可以得到原谅。

当然，被指责的一方也许没有必要真心诚意地接受这种"建

如何打造你的独特观点

议",但是发言的一方因为表达了"自己的想法",付出后得到了的快乐。

"制作者视角"会孕育真正的制作者

形成"制作者视角",因为能够学习制作者的思维方式及思考方法,也是为了形成"自己的想法"的训练。

在DVD版的电影中,经常会拍摄花絮作为附录。比如宫崎骏这样德高望重的导演在制作作品时,会公开在电视上展现制作现场或在杂志上刊登采访报道。

如果观看这些内容,就能够明白作品中蕴含着怎样的想法,制作是按照怎样的阶段拍摄的。能够感觉到不由自主被带入现场,也能够更深刻地观赏电影作品。

并且,观众也可以明白电影制作是多么辛苦的重体力活。比如说拍摄写实场景时,单单是"下雪"这一场景就是非常复杂艰难的工作。或者需要制造人山人海的场景时,也要特意召集大量的群众演员。当然,会产生一种自己无法做到这种工作的想法,自然而然,对制作者尊重的心情也会油然而生。

在此基础上,若产生"如果我是导演的话就会这么拍摄"这样的意见也是个人的自由。对于批判性质的评论,有时会有"你有能力的话你来拍摄"这样激烈的反驳,但这其实是弄错了对象。

第1天 通过写评论提高思考能力

当然，在无须承担责任这一方面还是没有任何变化，但是只对"拍摄现场"一知半解，就容易提出挑剔的意见。虽然这么说，但是读者也是能从中得到乐趣的——并不是说因为无法做到就不能批判。

这也会提升这个行业的技术水平。比如说在巴西，全国人民都以一种足球教练的心情来支持足球。虽然在世界杯等国际赛事上取得胜利时会欢呼雀跃，但除此以外，把球员贬得一文不值也是家常便饭。

再说日本人对于柔道也怀着同样的心情。国际比赛上摘取桂冠是理所当然，获得亚军也会被视为"失败"。有如此多对柔道十分了解的民众的国家，估计仅日本一个。因此，虽说最近成绩不怎么出色，在日本还是聚集了许多能够与世界顶级选手抗衡的柔道选手。

电影也是如此，黑泽明和小津安二郎曾盛名一时，但是审美严格的观众也非常多。因为那个时候看电影是日常生活中最重要的娱乐活动，制作者和观影者都十分认真。正是这样紧张的对立关系，支撑着丰富的电影文化。

再说几句题外话，现在提到新的电影作品时，在电视上大肆宣传已成惯例。宣传使得观众云集，即使水平不那么高的电影也会获得高票房。也就是说，电影领域已经逐渐演变成了仅凭电影票房来一决雌雄的局面。

在这种情况下，中肯的评论是很难存在的。在这样的环境中大概很难说今后电影文化是否还会继续向好的方向发展。

纯文学的领域，已经逐渐在日本消失了。如果能做出中肯、客观评价的读者越来越少，那么纯文学也就越难以成为商品。作家无法以此为生，这样下去，有才能的人涉足该领域的概率也越来越小。

这种现象，难以保证不会在以电影为代表的其他文化领域发生。为避免这种情况，应该要尽可能多地俘获粉丝，培育健全的批评文化的氛围。制作者提供"制作者视角"的素材，也能够有所帮助。

避免精神论和抽象表达

这并不仅限于评论的规则，文章最无聊的地方莫过于抽象词汇的罗列。比如说"导演倾力制作""这部作品非常好"等，或者"勇气""纽带""真心"等单词也是一样。

因为概念过大，**焦点就会模糊，而显得平庸无奇**。这样一来，即便被他人认为"这不是根本没有'自己的想法'吗"，也是无法辩驳的。

这里最重要的是要提炼一个关键词。如果觉得某部作品很有趣，那么最根本的理由是什么？如果要用几句话概括的话，要如何表达呢？这就是关键词。

一般来说，经常有人会说"有能力的人有自己的语言"。但是，本来语言就是在历史的更迭中产生的公共的东西,并不是个人产生的。如果是著有《尤利西斯》的詹姆斯·乔伊斯这样的水平就要另当别论,但是大多数还是在现有的语言词汇中存在的。

那么,为什么会存在有和没有自己的语言这两种人呢?这完全取决于那个人是否使用了抽象性的语言。比如说,对于"对社会人来说必要的资质和能力是什么"这一问题,假设我们回答"诚实"和"热情"也没有错,但就是因为太过理所当然而显得空洞。没有更深入地思考,就显得浅薄。这就是没有自己语言的人的回答。

对于这一问题,如果回答得"更有'当事人意识'",就更加具有职场人士的形象。通过把"当事人意识"作为关键词,能够给人一种有自己语言的印象。

将关键词体现在标题中是特别有效的方法。至少"关于某某的什么方面"这样的标题是错误的。"什么是什么"这样强硬的断言更能引起读者的兴趣。

通过这样的思路先思考标题,决定接下来要写的文章的关键词。这样一来,就可以成为一篇概念清楚的文章。没有一个好的标题,即意味着没有明确清晰的内容。

通过"引用",提高价值

寻找关键词的一个简单方法就是"引用"。

如何打造你的独特观点

尤其是在评论时引用更是一件利器。如果引用内容来自图的话就适当地选取一段文字，如果取自电影的话就引用经典台词。如果能把这些引用内容完美地嵌入自己的主张中，文章的价值就会立刻提高。

我在大学经常会让学生写文章。但是，没有写文章习惯的学生写出来的作品，有很多都感觉"枯燥无味"。这其中的一个重要原因就是"成就"不足。**没有提出新的观点和知识。**

要弥补这一部分最快捷的方法就是"引用"。即便文章整体都很乏味无聊，但经常能够从引用部分得到感悟。即便是这么一点，也会让人感觉"读了这本书觉得真好"。因此，对于学生，我也经常会指导他们："一定要加入引用。"

评论也是同样。如果要锻炼引用能力，首先应该对评论对象有一个全面的理解。

在这个练习中，首先来尝试写书评。一开始的时候，要写出两段喜欢的文字。在这个过程中，想必不怎么花费时间。以此为基础，在引用文字前后写上关于这部分的引子和说明。**仅是这样基本上就完成了一篇有意义的评论。**

我自己也经常使用这个方法写专栏等文章。之后如果能把贯穿多种引用文字的观点用一个标题展现的话，就能够在极短的时间内写出内容丰富的文章。

此外，也能够减轻心理上的负担。假设我们要写1000字，面对完全空白的电脑界面想必会备感压力。**但是，如果开始时就用引用部分来填充一部分，仅仅如此也会感觉从一开始就加快了速度。**然后乘胜追击，在思考如何把文章变得更加丰满、如何组织文章的框架结构时，工作就完成了。

况且与昔日不同的是，现在用电脑写作已经成为主要形式，因此文章顺序的调换与内容的删减也更加方便。比起从头开始写作，按照上面介绍的写作方法开始写文章更容易上手。

另外，有关引用文字的选择标准，基本上凭借直觉或感觉就可以了。"喜欢或讨厌""感觉不错或感觉很差"这种程度就足够了。在此基础上，对于自己为何选择这一部分，要冷静思考并陈述理由。在这样的思考过程中慢慢摸索，文章就会显现个性并且有趣生动。

顺便一提的是，**无论怎样的词汇，只要添加引号，就会具有关键词的性质。**比如说，明治大学橄榄球部的口号就只有一个词"向前"。虽然这是一个看似平凡无奇的词语，但加上引号就好像成了能够指引人生的金玉良言。

那么，之后就只剩下要如何解释选择该语句作为引用部分的理由了。

第 2 天

掌握思考技能的基本准备

名为思路的武器

比较①　考虑"有何不同"

就像数学问题有多个解法，思考也有多种思路。平时，我们认为"这个人头脑聪明""想法很好"的这些人，实际上暗自运用着这种思路。

如果是这样，我们也可以把这种思路当作武器。在"第二天"的步骤里，我将在各种思路中介绍实用性强的思路。

首先是"比较"。

比如说，当我们被问到对一幅画有何感想时，也许只能说出"好""不好"或者"喜欢""讨厌"这种程度的词汇。在有些情况下，也有人会回答"不是很明白"或"没什么特别的感觉"。

但是，当还有另外一幅画时，如果被问到："这两幅画对比起来有什么想法吗？""哪一幅更好看呢？"就可能会有各种不同的表现。

或者我们可以回顾历史来看，如果把近代日本比作A，那么作为比较对象的B通常为西方国家。

如何打造你的独特观点

福泽谕吉贯穿《劝学篇》的思路，基本也就是如此。从以前的汉学者得出的抽象争论没有任何意义，而与此相对，西洋具体且合理的科学十分发达。因此日本就汲取了西洋文化，有必要学习科学以及实用科学。

至此我们先不考虑是否有夸大主题的倾向，但日常中的确也可以使用这一思路。**如果接触某一对象，就要养成"一定要作比较"的思考习惯。**能够把握对象的特征，是不让思考停滞的基本方法。至少不会回答"不知道""没什么特别"等。

在写文章、提出企划案时，这种"作比较"的思路也十分有效。仅凭自以为是的想法写出的文章并不少见，但是这样的文章无疑会被淘汰。因此我们有必要再冷静一些，写清楚想要传达的是什么、特征是什么。此时，引入比较对象 B 就会增加说服力。比起单纯地推崇 A，后者看起来更有思考的深度。

比如说，世间上一般被认同的说法或者既存的商品就符合 B 的形象。

可以说，正是要极力突出我们所想要主张的主角 A，才谈及作为配角的 B。

比较② 将一篇文章分为两部分

在作比较时重要的是明确定义 A 和 B。迄今为止我总觉得有很多人能够这样做，但能够做到在笔记或者备忘录上区分写"A"和"B"的人，却几乎没有。

我之所以如此执着于彻底比较，是因为在补习班上课时，教授现代文的老师经常说"**现代文要对比着阅读**"。

说到经常在考试中出现的现代文，内容复杂的文章不在少数。只是简单地读一读并不知道在说什么即是这类文章的特征。但是为了推导出答案，就必须梳理文章脉络。

这一过程中有效的方法就是作比较。如果分解文章，就可以大致区分表达作者看法的 A 部分与作为辅助说明的引子或对比等 B 部分。谨记这一划分，阅读文章时就容易把握全文结构和作者的主张。

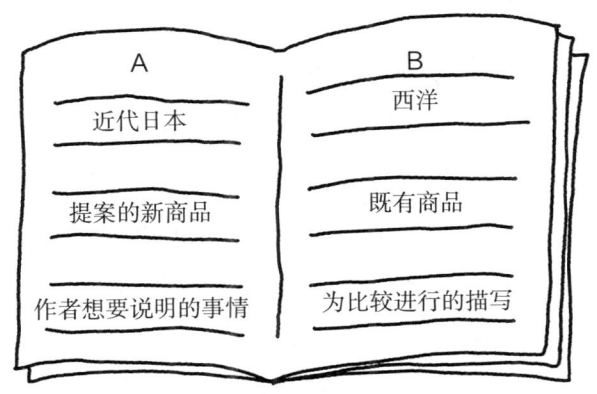

如果这样，读起来也总觉得费力的话，就尝试分开写下各自象征 A 和 B 的单词或短语。通过总结词汇群，文章的全貌就会慢慢

清楚浮现。

实际上很早以前，我就隐约感觉这样的阅读方法是合理的。因为这是我在补习班实践过的阅读方法，所以非常有信心，认为"就是与我的所想一致"。由于有这样的一段记忆，我才更加确信作比较才是思考的基础。

"比较"这一理论也并非仅限于做阅读理解。比如在谈到古典音乐时，即便是同一首乐曲，因为指挥者或演奏者的不同，表情也各有所异。通过对比倾听这些音乐，在感觉对乐曲的理解加深的同时，也可能成为某位演奏者的粉丝。

或者说即便是足球场上的前锋，每位选手也都有自己的战术。如果基于这一点观战，就更加能够明白足球的深奥之处。无论是哪一种，视野开阔就能拓宽思路。

另外，在听别人的想法时也可以"作比较"。在笔记或者备忘录上写"A"和"B"，同样分别用单词或短语来记录。有人只会说A部分，这样的话自己也可以想到B内容。根据设想到的B内容的不同，对于对方表达内容的理解方法也相应各有不同。

比如说，假设我们听到一个商品A的宣传。如果说话者净是强调优点，我们就应该会联想到已有的类似商品B，将两者作比较。据此，A真正的优点或者不如B的地方也就显而易见了。因为能够突出该商品的价值，也能够成为好的判断材料。

比较③　从毫不相似的事物中寻找共同点

或者不仅是与 B 类似的商品，也有方法能够联想到完全不同种类的商品或服务。我们可以比较两个一眼看上去相似又好像全无关联的事物，来寻找其中的共同点。

比如说，每当看到专业棒球选手的选拔赛，我觉得就可以把这个用于相亲活动时的对象选择。

职业棒球选手选拔赛，要通过持续抽签的方式决定对战的两方，结果会出现第四名的候选选手成为群体中的第一名。这是现实中发生的事情，和恋爱有共同的部分。

在日本一个电视台的综艺节目《超人气99》中，有"99 相亲大作战"这一环节。生活在女性人数较少地区的男性和节目组召集的女性举行集体相亲。这个节目中，女性们一开始都聚集在帅气男生的周围。但这位帅气男性只选择一个人。那么很多女性就要失望而归了吗？这倒是没有。最终结果是半数以上的嘉宾都配对成功，皆大欢喜。

她们中的大多数人，可以说在第一轮选择理想对象的抽签过程中就落选了。但如果这时心生绝望就放弃第二轮以后的抽签的话，那么找到结婚对象就会更为艰难。这时就需要随机应变，第一名不行就第二名，第二名也不行就第三名，这样考虑下一位候选对象是很有必要的。在这一点上，职业棒球选手选拔和恋爱相亲有很多相似之处。

这是稍稍有些异想天开的例子，**但是乍一看完全不同的对象，实际上却存在共同之处**，这样的例子也有很多，寻找这种共同点也是思考的基本。牛顿就是在太阳、月亮的运动和东西落地的现象中寻找到了共同点，从而提出万有引力定律。

顺带一提，由此生出了"重力""质量"是什么的谜团，是"希格斯玻色子"解答了这一问题。作为物质的质量之源，粒子的存在在1964年就被提出。大约50年后，在2013年，欧洲核子研究组织表示探测到"希格斯玻色子"。希格斯玻色子的理论预言获得了当年的诺贝尔物理学奖，我对此记忆犹新。

对我们来说，倒没有必要有这种程度举世震惊的发现。但无论看到什么，如果能综合联想思考到"这和某某是相通的"，养成这样的习惯是十分有效的。即便有些牵强附会，也要实践，这样就能切实感觉到自己的思考过程。

比如说销售人员有时能够从明星的宣传片中得到卖点的提示。从落语中学习到推销用语的人想必也不少。正是因为是截然不同的领域，才会带来良好的刺激，更容易萌生全新的想法。

以上就是基于比较的"寻找相似事物的差异""分解、作对比"以及"寻找不同事物间的共同点"的思考方法。首先掌握这三种思路，就能够产生一些想法。那么无论在怎样的场合被寻求意见时，也不会窘于无话可说。

第2天　掌握思考技能的基本准备

运用比喻①　联想比喻形象

接下来的思考方法是"运用比喻"，也就是"作比较"的发展形式。

作家村上春树获得耶路撒冷文学奖在当地发表演讲时，提到"在一面高大、坚固的墙和一只撞向墙的鸡蛋之间，我将永远，站在鸡蛋的一边"，引起了极大反响。

根据演讲全文，这并非简单地在暗示强者和弱者。更深层的含义是，我们所有人都是"鸡蛋"，名为体制的"高墙"高耸在我们周围。体制本是为了守护我们而存在，但有时候也会失去控制对我们造成危害。监视体制的正确运作，保护"鸡蛋"的尊严就是村上春树作为小说家的使命。

"高墙"和"鸡蛋"的比喻可谓十分绝妙。世界上所有人都可以立刻在脑海中浮现出一些形象。即便不能达到如此程度，我们也有可以运用比喻的方法。

例如，无论是电影还是小说，主人公的心理波动是最有趣的部分。要把这一点传达给别人时，单纯表达"心理波动"的叙述，就只能是像耳旁风一样，听听就过了。

但是，如果在这里使用"波浪""荡秋千""钟摆"等喻体的话，听者就能将这种心理波动具象化。这就是比喻法表达的好处。

在日常会话中也是，如果将一些比喻作为概念使用的话，首先在大脑中就容易整理思路。这是因为涌现出比喻形象的时候，"自己的想法"在某种程度上也就成型了。

换言之，从零开始构建形成"个人想法"虽然很难，但是如果能事先找到一些具体的形象就较容易确立成型。要点在于要如何改编为一种喻体并由此引申到想表达的本体上来。

实际上，在中老年男性中，有很多人喜欢使用棒球来作比喻。比如"已经是最后关头，两出局，满垒，关键时刻到了""比起一个安全打，这里使用触击方式更能与下一步很好地对接""你是作为中转的主力投球手哦"等。我那些参加棒球部的学生们也格外喜欢使用棒球作比喻。彼此之间通过这样的方式更容易领会对方的意思。

的确，将自己擅长或喜欢的领域中的语言引用到工作中时，自己也会感到无比地愉悦。心情亢奋时，思考也会更加活跃，这是在表达自己的想法时最有效的方法。

而且，如果有回应说"原来如此""明白了"的人就更好了。因为和对方产生了共鸣，情绪会更加高涨，思考随之灵活通畅，形成良性循环。

这在组织单位内的方案构思中是也十分重要的。与学生时代个人学习模式不同，成为社会人之后，大家群策群力，调整更正的机会不断增加。这时，一个重要的前提就是大家分享自己的认识和知识。**如果能互相理解比喻，就能够格外加强认识和知识的共享深**

度。可能有些言过其实，但讨论中出现的比喻数量的多少，可以成为体现一个组织团结程度的标志。

但是，运用比喻是一把双刃剑。并非一味地使用棒球相关术语来比喻就可以了，在组织中也存在不甚了解棒球或者对此并无兴趣的人。

尤其是有女性在的场合，这种倾向则更为强烈。对于这些人，即便用棒球作比喻，也完全不会得到任何反馈，反而还容易被认为"考虑不周"。因此根据听话者来区别比喻的对象也是十分重要的。

虽然不能一概而论，但对于女性者来说，使用时尚品牌等作为比喻的对象来试探对方的意愿也是可以的。以"欧洲的高级品牌市场不景气，但是价格也不下降"等打开话题，接下去再说集团的危机管理、最近流行的"自品牌"等话题时，就容易使对方理解。

运用比喻② 借鉴"优秀人物"的比喻手法

作为比喻，相对而言容易借鉴的还是被称为"超一流"人物的言行。

比如说，被称为"雀鬼"的麻将玩家樱井章一的著作《"1秒钟"做决断》，其中的言语确是久经麻将桌，饱尝胜败者的慨叹。

如何打造你的独特观点

比如下面的一些话：

> 我觉得人生如麻将。麻将这个游戏，四人中有一人和牌，游戏就立刻结束。绝对不会有任何拖泥带水或者未曾完结的部分。组成和牌，推倒洗牌……如此循环往复。
>
> 因此，如果没能因和牌而取得胜利，那就不能洋洋得意地说成功了。而且，摆在我面前的麻将牌如果排列得杂乱无章，我会毫不露怯地告诉大家我想要打乱重新再来。……
>
> 我们每天也是组成和牌，推倒洗牌；推倒洗牌，组成和牌这个连续循环的过程。
>
> 昨日还是今朝，迎来的是完全不同的早晨。当然也没有同样的白天和夜晚。
>
> 随之下一个早晨就来临了。
>
> 于是，如果能明白这种连续往复就是人生的话，就能明白在人生中有或没有"成功"，仅是能否感受到"成就感"而已。
>
> ……

《那些人生中最重要的道理，我在幼儿园的沙坑里都学过了》（罗伯特·富尔格姆）曾畅销一时，但是对于樱井来说，麻将桌才是可以学到道理的"幼儿园的沙坑"。正因为这样独一无二的冒险家的妙喻，我们才能以此为比喻，直接运用于自己的人生。即便达不到樱井这样的程度,但是一般喜欢麻将的人,也喜欢用麻将来比喻人生。

比如说,在《斗牌传说》(福本伸行)这部麻将漫画中,主人公赤木茂频繁多次地说出隐含在麻将中的人生格言。

这些警句被整理成《赤木茂名言集》,在网上建立了多个网站,拥有很高的人气。的确,对于喜欢麻将的人来说,比起从书中得到人生的教训,从麻将中总结的道理也许更容易理解。

同样,说到另一个人的名言,专业棋士羽生善治的总结也有举足轻重的作用。在他的著作《舍弃的能力》中,有以下这样的记述:

> 知识并非得到了就大功告成,而是有必要在重复积累并理解的过程中将其转变为"智慧"。
>
> 从多如牛毛的知识中提取自己需要的信息,比起"选择",更重要的是"如何舍弃"。
>
> 对困难问题虽不明白但也锲而不舍的耐心,一直坚持且不断投入的时间,这些都有助于专业棋士的成长和发展。

羽生由始至终只是在讲述有关象棋的事情。但除了象棋迷,只按字面意思来看的读者恐怕很少吧。因为他的语言具有普遍性,读者能够对应到各自的情况中,可以作为经验教训或作为激励加以吸收。是否有意识地完成这一过程姑且不论，但这确实是非常出色的比喻的活用方法。

当然，不仅仅是樱井和羽生。在各个领域也有该领域"优秀"的人物，他们被媒体追踪着动向，或出版自己的著作。我们可以从中挑选出感兴趣的人，浸润到他的言行之中。

并不是谁都可以成为"优秀"的人，但是通过拉近与他们的距离，进一步接触，"优秀"人物的言行可以对我们的思考产生影响。

运用比喻③ 接触"电影制作背后的故事"

与前面的比喻手法有些接近，也有"模仿制作人的思考"这样一种思考方法。首先，要想知道"制作人的思考"，可通过观看报纸、杂志等采访报道，即所谓的现场实录，更加快捷地了解。

比如前些日子的《起风了》刚上映不久，杂志 Cut 就刊载了电影导演宫崎骏的采访报道。其中，有一部分是讲述对于细节刻画不得有半点马虎。

> 刻画整理长裙、迅速坐下这种场景难度真的非常大。我经常会对工作人员说："让你老婆这么做，你好好观察再画！"开会的时候也只是强调这一点。如果能达到我预期的状态，生动地表现出来画面，还是会有些激动的。（笑）所以我就会夸奖他

们，大家被夸奖了也会觉得很开心，会感叹"终于成功了"。

恐怕我们自己看完电影，即便看到身着长裙的女主人公坐下的场面也不会觉得有任何感动吧。但是，对于导演来说，即便是这样一个小小的场景，也容不得任何疏忽。宫崎骏动画的高质量可从这篇采访的一部分略见一斑。

此外，Cut 中，还刊登了对大热电视剧《半泽直树》的导演福泽克雄的采访报道。据他所言，那有名的最后一幕反复拍摄了十多次。即便这样，现场的热烈气氛也丝毫不减，这一点让人敬佩不已。吸引着众多观众的场景，从拍摄现场来看也是热情高涨。

说句题外话，我从出演这部电视剧的多个演员处也听到了同样的话。拍摄氛围且不用说，即便重复了十几遍，也没有一个人出错。而且据说尽管主角堺雅人如此声嘶力竭地喊，他的声音也没有嘶哑。演员们都不约而同地赞叹道"这人真是厉害啊"。

如果能带着这种"临场感觉"观影或看电视剧，就能够进入制作者的思考。一方面作为观众去欣赏作品，另一方面会产生"这一幕得拍摄了多少遍啊""为拍这个场面，要到那种地方取外景啊"等想法。

其中也许会有一些看起来无聊的电影或者电视剧，但在拍摄现场其实也付出了很多辛苦并且花费了不少心思。因此虽不至于给予高度评价，但还是可以带有体谅或敬佩的心情去观看或评论。这样的度量，也开阔了思考的视野。

在电视节目中，"情热大陆""职业人的作风""大地的拂晓""Cambria宫殿"等节目的制作也十分有趣。因为从中可以看到各行各业的顶尖人物光辉背后的真实面貌以及工作场景。

在制作过程中，能够表现出每个人对工作的热情和感情。因此，这也可称为某种制作影像，也是最适合用来模仿借鉴的素材。

辩证法的思考① 激发思考的智慧

"比较"的另外一种发展型，是"辩证法思考"。名称听起来稍微有些吓人，但是如果能掌握这个方法，一生都不会有不知如何思考的苦恼。

所谓"辩证"，简单来说就是对话的意思。也就是说，"对话思考"，但并非是闲谈聊天一类的对话。

比如说，有人提出"要想胜利，精神力量必不可少"的命题。对于这一命题，其他人会提出"不，我认为是技术"的反对命题。**在这里出现了对立和矛盾，但是对此却表示欢迎或鼓励则是辩证法的基本态度。因为矛盾才是思考的原动力。**

的确如此，如果是全体人员一致同意的会议，就没有思考的必要。可世上如果没有任何问题，那么也就没有动脑的必要。正因为有对立和矛盾，才有智慧的碰撞，来共同摸索解决方案。也就是说矛盾激发了思考。

试想，把日常中经常出现的麻烦和不满理解为反对命题会怎么样呢？如果能够解决这些麻烦和不满，进而更好地解决问题，那么反对命题也会变得有价值。克服命题和反对命题的矛盾这一过程，称为"扬弃"。

实际上，处于发展中的企业，遇到不满和麻烦的情况是无法避免的。更常见的是通过解决这样的问题来改善体制，谋求更好的发展。其中，也有些企业会对提出有建设性意见的顾客送上谢礼。

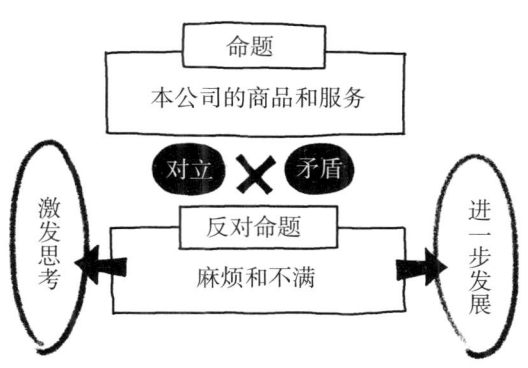

性质恶劣的投诉则另当别论，有时对于企业来说投诉意见确实是值得感谢。如果能把这种意见理解为对自己以往做法的一种反对命题，"如果存在问题那就这样改进吧"，如此一来，更容易涌现出新的想法或服务。也就是说，投诉能够反映我们自己并没有注意到的地方。

实际上，甚至是在大学中，也会有不少麻烦让我们忍不住想"会发生这种事吗"。当局者迷，即便在局中自以为无所不知，没有注意到的地方其实还是很多的。

因此，通过重新审视现有的体制或调整规则，就可以防止同样的麻烦再次发生。即便无法以"欢迎"的心情去对待，但是"麻烦"的出现起到了"提醒"的作用，这一点是没错的。无论怎样的组织，或多或少都是有这个重复的过程才成长发展的。

"辩证法"感觉很晦涩，没有必要去深入理解。对于大多数人来说，比起对辩证法进行学术性的学习研究，在遇到问题麻烦时，能冷静地理解为"这是反对命题"更为重要。

将问题化为能量，用更高的境界来解决问题，这个人就已经可以被称为"辩证法的权威"了。

辩证法的思考②　适用于运动和武道的训练

说到深入浅出地说明了辩证法的名作，有一本书叫作《辩证法是怎样的科学》（三浦勉）。其中有这样一句有名的记述："量变引起质变，质变会引起新的量变。"

乍一看"量"和"质"，很容易会认为这是两个截然不同的概念，但在这本书中并非如此。简单说来，通过一些量的积累来引起质的提高，质的提高会进一步使量得到增加。在书中这被称为"量质转化"。

深受这本书影响的是空手道专家南乡继正。在深入阅读的基础上，他将这些道理运用于自己的训练中。南乡的著作中指出"掌握技术就是通过量的积累引起质的变化"，也就是说反复练习十分重要。

我也有武道的经验，因此在读这本书的时候产生了极大的共鸣。同时深有感触的是"将辩证法的思考用于武道"这一实际应用。不存任何疑问便对这一方法论彻底执行，我被这种想法震撼了。

实际上，哲学家黑格尔也以同样的方法来理解世界。根据他的著作《精神现象学》，人类的精神是根据世界上辩证法的运动来发展的。一边面临着各种各样的矛盾，一边利用辩证法的思想反复克服解决这些矛盾，进而形成了今日的精神。

这一观点结论，刚好列举了在黑格尔生活的法国大革命时代，人的意识甚至到了掀起革命的高度。

不过对于我们一般人来说，也许没有能到达如此高度的视点。但稍微留心一下，环顾世界看看，就能够感受到利用"辩证看待"解决问题的事情也是不少的。

比如说之前提到的足球，重视队员技术的巴西模式和重视团队战术的欧洲模式是截然不同的。这两者对战时，由于两者间的差异，比赛经常会带有摩擦生热那样的能量。

这样的比赛反复多次，互相试行打败对手的战术，犯错后再持续改进，每进步一次，世界的足球对战水平就会得到提升。说这样的过程造就了今天足球水平的高度也不为过。

辩证法的思考③　硬性要求提出反对命题

可以说无论怎样的行业，归根结底也在重复辩证法的竞争。相同行业中的其他公司推出新的商品或服务时，这对于自己公司来说就是反对命题。更何况，对方的产品中含有自己公司产品所没有的优点，或者很受欢迎的话，我们就如坐针毡了。这时就需要提出某些对策来应对。

当然，单纯的模仿和盗版是不被允许的。但如果视而不见，那就意味着在竞争中处于下风。虽然可以将对方作为参考，但是必须要开辟出具有自己特色的新道路。

乍一看好像十分严苛的要求，但是能够提出解决方案，这本身就是非常具有创新性的行为。不如说，应该感谢给予我们启发和机会的反对命题，这也是辩证法的一种实际应用。

进一步说，在公司内部的会议上，硬性要求提出反对意见也是辩证法的做法。尤其作为领导者，有时通过这样的要求可以激发成员的反抗精神，迸发新的想法。的确，如果能顺利提出，讨论气氛就一定会高涨。

但是，日本人几乎都不喜欢会议气氛过于紧张。在会议上，面对主张意见 A 的人，能毫不客气地提出反对意见 B 的人是少之又少的。倒不如说为了不产生对立和矛盾，即便有 B 意见也会装做不知道。可能是因为如果无谓地多生事端，在争论时就会破坏人际系。

在这样的场合下如果要提出 B 意见，就应该注意陈述的措辞，也就是说应尽量言辞委婉地表达出来。

"这虽然是反对的意见，但是……""你是说……吗""不是那样的，应该是……"等这些话是要尽量避免的。

首先在提出"总体上来说这样是可以的，不过……"这样的话语之前，可以先添上"在公司内还有这样的意见"或者"最近，收到了这样的一些投诉"等就显得更为柔和，不那么具有攻击性。

现象学的思考①　抛去对经验真理的确信

接下来，"现象学的思考"也是十分有效的。在研究生时期，我的专业是"现象学"。胡塞尔和梅洛-庞蒂等哲学家都是这一领域的代表人物，也是我的主要研究对象。

简要概括"现象学"的要点就是，"**暂且抛去对经验真理的确信，首先关注现象本身**"。通过这样的方式，可以得到某种认识。

比如说，有人让我们"画一幅苹果的画"，我们可以随手画来（技术高低暂且不论）。这是因为在头脑中有苹果的形象。但是现实中的苹果其实形色各自不同，没有完全一样的两颗苹果。也就是说，在画苹果的时候我们没有观察苹果本身。

专业的画家之所以专业就在于这一点。观察眼前的对象，发现"原来有这样的一面啊"，把这种不可思议的新发现描绘出来就是他们的工作。哪怕这些对象就像苹果一样，是极其普通、随处可见的东西，专业的画家也能够把这种惊讶带给观赏者。

或者说俳句的深奥，也同样在于这种"恍然大悟""原来如此"的感觉。

松尾芭蕉有名的"闲静一何极，蝉声浸入青岩里"，也充满了"蝉声反衬出闲静""简直就像浸入了青岩"等惊喜。这无一不是日常中随处可见的光景，本就是不值得引起关注的事物。

但是，通过接触松尾芭蕉的俳句，我们就能够意识到现实中常见光景中也存在令人感到惊讶的有趣之处。这就是现象学的方法。

此外能够意识到这种重要性的其他素材，也是数不胜数。比如说"外国人"这一表达，虽然在日常生活和电视中经常听到，但是这是典型的非现象学的说法。国籍和民族当然不同，语言和长相也因人而异。将这些人统称"外国人"的做法，几乎等同于停止思考。

话虽如此，不过并不是只有日本人才会这么做。在欧洲，日本、中国、韩国经常被共同视为"东亚"，是一种"格外勤奋的地区""经济强盛，生产各种产品的地区"的形象。

但是，日本人、中国人和韩国人之间，互相觉得对方相像的人几乎没有。也就是说,"东亚"这一总结概括本身就不是现象学的解释。

这样考虑的话,应该可以明白范畴更加广的"外国人"是多么不恰当的概括方法。

因此如果稍微认真严谨地分开考虑,就能够意识到"不同国家的人是不一样的"。更进一步,也就应该能够得出"一个国家中也有各种各样的人"这样的结论。这可以被称为现象学的态度。

现象学的思考②　重新贴"标签"

在此如果以广阔的视野来回顾整个世界历史,就可以说,正是非现象学的态度造成了不理解和不宽容,进而引发战祸。

在古代西方(希腊),异族被称为"barbaroi",意思是"说着听不懂的言语的人"。

正是贴上了这样的标签,才根本都没有想要进一步去了解的欲望。倘若能再稍加郑重地去审视观察,可能会产生"这些异族人和我们自己的想法也并不是么不同""认定他们是威胁未免为时过早""也许我们能够进行一些交流"等感触。

我们的周围,与这相似的事情不在少数。"女性是这样的""女性的话不行"等言论就是例子。也许曾经是有过这方面的倾向,但是实际上女性形象也一直在不断变化。即便是女子马拉松,也是以前从未被考虑过可以举行的赛事。但如今，它成为一个奥林匹克项目。就是因为排除了深信不疑的某种观念，"不可能"才变为了可能。

或者说，中老年人经常批判年轻一代"现在的年轻人啊……"，称呼年轻人是"新人类"或者"没有朝气的一代"，以及最近贴上"宽松世代"等标签，这也是相似的行为。

的确这些也不是完全有失偏颇的评价。但是在年轻一代看来，真正的心声是"仅片面地被概括为宽松世代也很不公平啊"。

二十多年来，我每年会接触100名左右学生，在我看来，他们每个人有每个人的不同，是不能简单地一概而论的。只根据自己身边的极其有限的"例子"来判断整个群体，是很难得出客观评价的。

虽说如此，标签在某种意义上像向导一样的存在，如果没有任何标签也是不妥当的。但即便说"不要随意给别人贴标签"，也不会有人能听取这个意见吧。

因此，现象学最重要的态度就是**重新替换成符合我们自身特征的新标签**。一般来说，即便有被评价为"就是这样的"东西，也不能因此而停止思考。如果认为不切合实际，就有必要深入思考。

也有办法可以对一直贴有标签的事物深入研究。

有本书叫作《B型的我的说明书》，曾经很畅销，根据血型来贴标签是很久以前就有的事，本来并没有什么特别新颖之处，再加上就像常说的那样，也缺乏科学依据。

尽管如此，这本书仍受欢迎的理由可能有两个。一个是以"说明书"为名，不只是简单停留于"B型"的评论，甚至还涉及到与周围的人该如何接触，也许正是这一点引起了很多人的共鸣。

另一个是观察"B型"更严谨的态度。不是经常听到的大致概括的标签，而是更加细致入微，来尝试做出具体的分析。可信性暂且不论，但感到"有趣""受益匪浅"的人应该会不少。

如果以标签为契机打开新的视点，也可以说这是有相应价值的标签。

现象学的思考③　以产出为前提，会更用心观察

切实掌握现象学思考的有效方法是表达出所见所闻。小说家和艺术家的工作应该就是如此。

比如说，《每天为梦而醒——村上春树采访录1997—2011》中，村上说了以下的一段话：

> 在创作构思作品中的出场人物时，我喜欢观察我周围的人。我不是那种会过于积极与他人交谈的人，倒喜欢倾听别人说话。我虽然会详尽观察，但还是避免判断他们是怎样的人。比起定性，我更多考虑的是"他们对于一些事物是如何感知的？"

如何打造你的独特观点

"之后他们要去什么样的地方呢?"诸如此类的问题。

我们平时也会认真观察很多事物。一个去旅行的人,也希望增长见闻。但是,如果抱有先入为主的观念,即便好不容易看到一些新颖的事物,观察的眼睛也会被成见蒙蔽。**是否能以"无知"的状态细致地去耳闻目睹一些事,输入的质量和随之输出的质量也大有不同。**

而且另外需要注意的一点问题是,只是暂且在头脑中形成"有趣"的印象就停止下一步行动,最终也会忘记。之后如果再有新的信息输入大脑,就可能会被覆盖。

为防止这一现象的发生,输出就显得非常重要。即便达不到写小说的水平,但能作为博客和社交网络的素材,以寻找机会对别人讲述,就会想要更认真地观察吧,而且也更容易在记忆中留下深刻印象。

顺便一说,手冢治虫从孩提时代开始就以昆虫为对象速写。那些图画一直留存到今天,即便是描绘同一种虫子,表情也各有特色,从中能看出他是多么醉心于对虫子的观察。

的确,自然界的虫子都应该具有个体差异,如果把这些挨个描绘出来,得出的作品也当然都截然不同。但是我们当中很多人无法只把苍蝇当作苍蝇、蚊子当作蚊子来认识。根据个人不同,也许还会有些人就只把这些具体意象总结为"虫子",没有注意到个体间的差异,也就没有任何兴趣。这就是手冢治虫和我们必然存在的不同之处。

这样的话，我们如果学习手冢治虫，来尝试画一些画会怎么样呢？因为我们的目的并非面向他人展示，所以无须具备专业水平，但要回想孩提时代，细致观察对象，并进行写生。

如果不是出于兴趣，可能几乎不会接触画画。但是这其实是非常有趣的事情，深入接触就应该会更加明白孩子都热衷于此的理由。对于绘画描摹对象我们要集中注意力，培养观察力。这也是一个非常有效的输出方法，在笔记背面寥寥描绘几笔，可能会转换成好的心情。

现象学的思考④　重返童心

现象学的态度，就是对世界的新鲜之物充满诧异。如此说来，我们应该学习的对象是孩子。大人简单一眼掠过的东西，孩子看到却会对大人展开"为什么"的疑问，这样的感性是我们应该具备的。

实际上，这样的态度能够产生新的创意。比如最近一种叫作"蜗牛面膜"的商品十分流行。正如它的名字，这是一种含有蜗牛精华液的面膜。的确，黏糊糊的质感与肌肤完全服贴，虽然会觉得有些难受，但是可能有人也会觉得心情愉悦吧。

怀着这样的想法我尝试了一下，正如想象中的一般畅快。随着某些成分湿漉漉地渗入肌肤，也有疲劳被一扫而光的感觉。当然，这本来就是女性用来光滑肌肤的物品，但是即便作为男性用它来感受到畅快感或得到治愈也是十分推荐的。

因此，问题就是这样的商品是如何诞生的呢？平时说到蜗牛，孩子认为其是饶有兴趣的对象，但是大人却连看见的机会都减少了。即便看到，也可能就会视而不见，觉得"真少见啊"，或者"还是那么恶心"吧。

但是，会对蜗牛面膜形成产生好奇的大人，也是存在的吧。虽然说到底也是我个人的推测，可能那个人认真地观察了蜗牛的缓慢动作，惊叹于蜗牛垂直向上爬树干不仅由于身体的柔韧更是精神上的坚韧，也被它放在手心时的一点酥痒的吸着力所吸引，然后联想到"这就是面膜"呢？如果是这样的话，这一过程的感觉和孩提时代的感觉是相同的。

顺便要说的是，因为蜗牛的繁殖能力很强，从成本上来说也许是优等原材料。但是实际上使用何种蜗牛、经过怎样的工序制作面膜是无法得知的，这也可以说是现象学中观察力的特有技巧了吧。

系统思考①　准备、灵活、反馈是社会人的基本能力

在这一章节，还有一种"系统思考"要添加到思考方法中。

大学入学考试的批改试卷工作全部是由我这样的教员来分工完成的。数量庞大，是非常辛苦的工作。

因此重要的是如何有效率地分工完成工作。以多人小组为单

位分配批改任务是常有的事情，但是有时会出现一些情况，就是无论怎样安排，都会因为答题的质量和小组人数而使工作的进度大有差异。

快要结束的小组能够悠闲地吃午饭，有时候还能去喝咖啡。而批改工作难以推进的小组却无法安心吃饭。

但是，就这么任由差距存在的话工作是无法顺利结束的。如果前一组能够为后一组提供帮助，那么速度就会迅速提高。由于我多数情况下会被分到后一组，因此也多次得到过帮助。

不只是单纯地增加了人数，可以说"调动全员"这种共同解决问题的态度增加了前进的动力。完成全部的工作，互相称赞对方的"奋斗"也别有一番感觉。

无论在怎样的职场中，这本来应该就是都能看到的景象。工作完成快速的一方帮助速度慢的一方，可以说是后援系统。

但是最近在职场中几乎每个人都对着电脑工作，甚至连日常对话也很少。有人加班到很晚，其他人也不知道那个人在做什么工作，因此也无法提供帮助。结果，就在繁重的问题和孤独中，积攒下巨大的压力。

因此，比如不太忙的人对周围人说"有什么我能帮忙的事情吗？"这样的话，也许会有人说"那么，这个就麻烦你啦"。或者即便没有被他人主动请求帮忙，心情上也会觉得能够放松一些。当然，被帮助者自己有空时，作为"回礼"可以说"我来帮你做"。

如何打造你的独特观点

这样就接近于很久之前,邻里之间来回借酱油和大米的关系了。不论时代如何变化,不喜欢这样互帮互助的职场气氛的人想必很少吧。倒不如说,这种互相帮助的关系正是现在大家所期盼的一种氛围。

因此对于即将踏入职场的学生或者年轻的职场人士,我经常会送上这样的建议:"在工作时不要忘记准备、灵活、反馈。"对于任何工作来说,准备是不可欠缺的,在现场能够随机应变也十分重要。并且要反馈结果,如果能够将经验灵活地运用到下一次,就一定会得到成长。

其中类似于"有什么我能帮助的事情吗?"这样的"灵活",应该是一项最简单的工作。这也可以说是掌握系统思考的出发点,哪怕只是为了作为集体的中一员能够得到认可,也可以进行实践,并不会有任何损失。

系统思考② 养成俯瞰全貌的习惯

但是,将组织作为一个整体来看时,根据每个人的性格由他们自己决定是否要"灵活应对"绝非良策。因为恐怕有一部分人的负担会增大。作为组织,有必要形成互相灵活应对的习惯和规则。

在这里要求的是系统思考。之前在申办 2020 年东京奥运会时,我和担任日本奥运会申办委员会首席执行官一职的水野正人有过

第 2 天 掌握思考技能的基本准备

对话。那时水野先生强调的是支援系统的重要性。如果缺少一个人——无论这人是谁就会对工作造成阻碍的话，整个团体不能称之为组织。通过建立无论发生任何问题都能够互相紧跟任务的体制，才会形成更加坚固的团队。

概括来说，我们经常拘泥于部分要素。比如"泷川雅美的演讲《热情接待》很不错""佐藤真海给东日本大地震做的相关演讲也令人感动"等情况的确很重要，但是除此以外还有队伍整体的严密配合和许多相关计划造就了这样的效果，如果说真正的价值在这里也不为过。

公司也是同样如此，如果大家都只考虑个人或个人的岗位职责，就容易与他人或他人的岗位产生对立和争执。但是，**如果平时全体员工就养成重视组织整体的习惯，即便产生对立，也可得出一致且合理的结论。**

对学校来说，同样如此。学生出现问题的时候，只从个人的性格入手寻找原因也是无法解决的。回想他在学校的举止表现，再了解家庭环境，以及他的交友关系，通过这种方式来寻找这个学生的形象特点很有必要。由此可以看出"这个孩子的人际关系交往不顺畅"或"每日生活的环境不太好"等情况。

回顾历史，能够以更高的视角来进行系统思考的人物可以促进社会的改变。比起藩更为国家命运担忧的是吉田松阴，比起幕府更能看清未来的是胜海舟。

如何打造你的独特观点

正是因为这些人物见多识广，并且能够纵观全局，比起旁人来才能看到真正重要的地方。

系统思考③　图解系统

在有关系统思考的解说书籍中最畅销的是《第五项修炼》（彼得·圣吉）。这本书中指出的一个问题点是图解系统。

如果存在一个问题，我们将它会产生影响的事物剥茧抽丝地列举出来，最终就会回到最初的问题上。也就是说，会显现出一个循环。如此明示原因和结果的循环是该书中解说系统思考的基本方法。

具体说来，首先将问题的要素用一个词语概括，用圆圈将这个

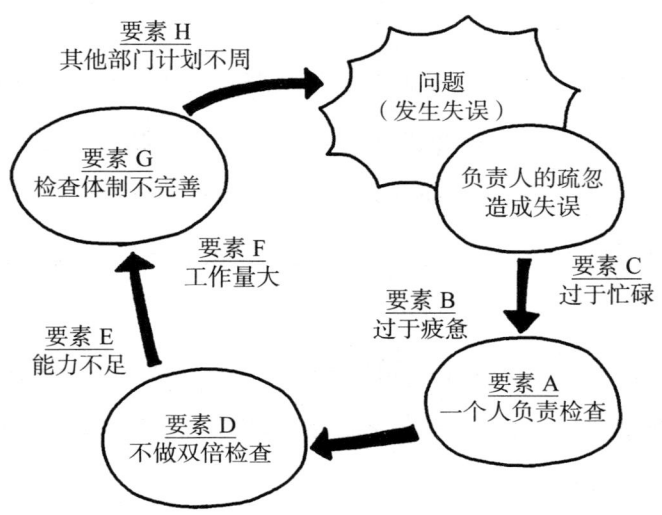

词语圈起来再画出箭头，添加由该问题产生的影响，以此类推，写出连锁影响。即便最初混乱不堪，无法看出清晰的原因和结果，但在列举书写的过程中还是能够逐渐整理出他们的全貌。

在我看来，这个思考过程比起一个人做，由三四个人的小组一起做效果会更好。这并非是人多力量大的原因，比如我们得到一个课题，需要图解《卡拉马佐夫兄弟》的全体篇章结构。

只要读过这本书，谁都可以整理这本书的结构，但是一个人做起来非常困难。而如果三四个人通过使用白板，发散思维，就可能会得出更合理、更全面的构图。这时讨论的气氛会更激烈和热闹，这也是团队合作的优势。

因此，如果在集体内部发生了问题，首先要快速尝试图解。不仅是让当事人思考，更要尽可能多地积聚智慧。并且准备白板，适当地记录关键词。不按条目书写，使用圆圈圈起来或用箭头连接起来，使之成为一个有机的系统性的图。

可能一开始会感到手足无措，但是这项工作会使头脑变得灵活。在试错的同时完成图解，这也是一个让问题的全貌变得清晰并且成功实现共享的过程。

系统思考④ "解"在事物关系中

所谓系统思考，就是用"形态"来看待事物。不是关注要素本

如何打造你的独特观点

身，而是着眼于要素之间的关系。

比如说，仅仅听到一个音阶或音色，这并不是音乐。要多个音阶或音色组合、联系起来才能产生旋律，成为乐曲。也就是说听旋律这一动作本身，不要单个去听，而是要将其作为一个整体来理解。

这一点可以用转调来说明。卡拉OK有改调的功能，无论升调还是降调，听起来还是同一首乐曲。这是因为即便每个音的高度都发生了改变，整体的旋律还是不变的。

在治疗精神病患者的治疗方法中，有一种叫作"家庭疗法"。不仅是诊断本人，也要从家族关系和夫妻关系中寻找病情原因，通过改变这些关系来寻求病情的改善。

这时，不仅是本人，夫妻或亲子也要一起接受咨询和辅导。比如说，孩子有神经症倾向时，要问母亲"平时对孩子怎样说话呢"，有时能从母亲的回答中得到一些线索。对于母亲无意识使用的词汇，孩子也可能会从中感受到很大的压力，变得厌学。

如果明白这一点的话，之后就可以改变母亲对孩子说话时的用词，孩子的情况也许会稍加改善。实际上，这样的事例还有很多。

如果能够总是意识到这种解题思路，就可以以一种比其他人更宽广的视野看待事物。在我上大学的时候，所有的学问领域都流行着使用这种关系主义的观点来理解世界。

比如说，在哲学的领域中，有名的广松涉先生就是运用这种思考方法的先驱者。在阅读他的著作《物·事·语》时，我受到了很大的影响。平时，我们经常会被"物"吸引眼球，但是也应该尝试着眼于代表现象的"事"，这也就是说，**这也是一种用"事"来溶解由"物"构成的世界的工作。**

比如说，我们都知道"时间在不断运动之中"，钟表就将时间这一过程具象化的"物"。如果要求准确性的话，那对于电波表来说没有任何一种"物"能出其右。那么，它在价格方面是否最贵呢？也并非如此，高级名表或者古董机械手表都有更高的价格。当然，这是因为很多人将其视为装饰品，或者说出于兴趣收藏古董。

也就是说，手表这一"物"的价值本身也会根据用途这一"事"发生改变。

当然，也并非仅限于手表。提出"同一性"概念的发展心理学学者埃里克森也提倡"相互性"的概念。因为人作为父母成长这一过程也伴随着孩子的成长，两者的关系是相互的。即便是夫妻，也正是因为两者之间丈夫与妻子的关系才得以成立。也就是说，人的成长本身就是相互的，会随着与对方的关系不同而发生改变。

如果详述这一概念的话，世界上所有的东西都似乎有相互性。至少也应该注意到"单一孤立看待事物是不行的"。

即便眼前的人很暴躁，也并非意味着他生来就具有这样的性格，而是因为和环境、家庭关系或者其他不顺意事物间相互关系的作用，使他才变得如此暴躁。这样思考的话，就不会单纯地觉得"君子不立于危墙之下"了吧。

实践是理论学习的意义

下面讲述我之前作为嘉宾被邀请去一个脱口秀节目时候的事情。有一次，观众是即将开始找工作的100多名学生，话题涉及到作为社会人沟通交流应有的方式。

在节目里我说"认真听对方的话时，身体也要面向对方"，这样的话，自己也会进入倾听的准备状态，对方也会想要更加认真地倾诉。这并不是注意措辞、考虑对方的心情等很难做到的事情，应该是大家都能立刻使用的沟通交流技巧。学生们也的确很积极地问了很多问题，努力地记了笔记。

关键是之后回答问题的环节时发生的事情。后方坐着的一个学生举手想要提出问题，但是发言时没有任何人转过身体面向他。我在回答完这名学生的问题之后，对学生们说了这样一些话。

"在今天说的内容中，我提到'要把身体也面向说话人'吧。但是刚刚，谁都没有这样做。**如果连刚刚都做不到的话，那么也不可能半年后突然间想起来做。**也就是说，我说的话，大家才接受教导，就失去了意义。"

虽然是稍微有些严厉的言辞，但因为他们是即将要进入社会的

第 2 天　掌握思考技能的基本准备

学生，如果对这样的批评都无动于衷，我不知道该如何是好。经人劝导并理解，立刻付诸实践才是应当的。否则，不论多么积极地提问，再怎么认真整理笔记，如果仅停留在"接受知识"这一步，是没有任何价值的。

写这一段小插曲，是因为这和本章的内容具有相同的本质。在本章中介绍了几种思考方法，但是**如果只是作为知识了解这些内容是毫无意义的。最终能否实际应用这些思考方法，是否能够把这些方法转变为长久的技能，这才是最重要的。**

换言之，没有必要掌握这里介绍的全部内容。应该从这些方法中选择合适自己的，并把它彻底地运用熟练。不应该只是注视着"武器"的各种名目，而是从中选出一种，然后熟练掌握。也就是说，要锤炼思考的武器。

实际上，这也是运动或武术中必胜方法的一种。比起知道各种各样的技能，完全彻底地掌握一种技能更为实用。尤其是发生特殊情况的时候，这其中的差异就会一见分晓。

第 **3** 天

改变行动的习惯

锻炼沟通能力和联想力

"头脑聪明"的标志是词汇能力

拙著《提高聊天能力的说话方式》成为热销图书,这要感谢各位读者的厚爱。作为作者来说是高兴至极,但同时震惊于社会中居然有如此多因聊天感到困扰的人。

的确,与有固定交谈内容的商务谈话不同,聊天因为过于随性也有很麻烦的时候。而且,在这无意的闲谈过程中,能够观察到人的性格,有时也能了解对方的才智或能力。因此虽然是闲聊,但大家都想要尽可能地给对方留一个好印象吧。

在这里同样需要的是有"自己的想法"。如果没有一定的知识储备,那么也无法提出一个话题。但是,如果只是单调地复读新闻报道的话,也是无法形成对话的。可以将新闻为基础,再添加自己的见解或观点,通过这样的方式,聊天才能愉快有趣地进行。

关于评论能力后面会详细介绍,**在此之前重要的是词汇能力**。如果有丰富的词汇储备,就能够详尽地表达自己的意见。如果在会话中使用一些理性的词汇,理所应当地就能够给人"头脑聪明、有

如何打造你的独特观点

深度"的印象。

比如说，在电视上非常受欢迎的女演员坛蜜，不仅仅拥有性感的容貌身姿。她经常说出的一些评论，也很有智慧和深度。前几天我偶然间看电视的时候，听到坛蜜有这样的一句回答："这稍微有点辩证法的样子。"我对此感到十分惊讶。在本书中，虽然在前面的章节中有所涉及，但是现在"辩证法"这种类型的词语在日常口语中已几近消失。可能有很多学生连这个词的意思都不知道。但是能够干脆自然地说出这样的词语，我想也是坛蜜的一种魅力吧。

顺便一提，语言的只言片语中出彩的部分在电视节目中是非常难得的。近来的综艺节目中添加字幕也很常见，但并不是把出演者的台词全部都写上。挑选一些有内涵的发言和制造节目效果的短语等，将这些只言片语做成字幕才会为节目增添出彩之处。

基于这样的情况，只能说出"有趣""开心""快乐"等单纯的评论的艺人就难以为字幕做出贡献。这一点，如果评论得很搏人眼球，这样的艺人就非常符合电视台的期待。

利用电视、广播电台打磨用词的格调

那么，我们如何增加词汇量呢？实际上，在聊天中使用惯用词汇可以最快掌握。当然，读书也不可欠缺，但仅仅如此是无法彻底掌握的。至少也要通过输出运用，才能成为自己的东西。

第3天 改变行动的习惯

因此首先要尝试在平常的会话中，留意充满智慧的关键词。话题本身不需要很深刻，无论以怎样的话题来展开对话，在脑海中要浮现一些用括号标注的关键词。

比如在说到家养小狗的事情时，如果只是单纯地重复"好可爱啊"，就不能被看作是内容充实的会话。虽然可爱是事实，但是如何来表现这种心情才是关键所在。如果这样考虑的话，应该会发现有无数词汇可以使用。

这虽然也是评论能力的问题，但是对于锻炼这一点的有力辅助武器，还是电视节目。一般来说，综艺节目的实际拍摄时间经常要达到播放时间的两倍之多，然后再编辑加工。播出的部分**可以说是经过竞争最终成功留下的精炼部分**，因此播放出的评论有其出现的意义。

那么，怎样的评论会留下来呢？这里主要有两个要素。其一是前后文逻辑要合理通畅，其二是观众可以产生共鸣或是一些引起注意的评论。这两者中的任何一种，或两者都不能巧妙熟练地运用的艺人，就会被剪辑为在节目中一言不发的形象，结局就是下一次就不会再被邀请来参加节目。

以这样的观点来看电视，自己的说话方式也许就可以得到磨炼。如果只是单纯地看电视会很难注意到，但是电视也有它独有的展示方法。

我也很推荐广播电台。与电视不同，电台里谈话的内容及说话

如何打造你的独特观点

方式也与日常会话中十分相似，是一种虽然公开播放但却有私人氛围的罕见形式。稍稍收听并学习一下的话，也能够磨炼自己对语言的感觉。

当然这也是有必然原因的。本来电台的主持人就必须仅凭"说话"来一决胜负，**而武器就是语言的驾驭能力**。与电视综艺节目相同，只有竞争中获胜，突出重围的人才能继续参与节目，所以一定要参考电台主持人的说话技巧。

比如说日本 TBS 中有一档电台节目叫作《小木矢作的眼镜关照》，偶尔听一下的话，会因投稿者精辟的措辞而惊叹不已。

这大概完全是因为在听日本的搞笑组合小木矢作二人脱口秀时受到影响了吧。**稍微夸张一点地说，收听电台就是在接受语言的洗礼**。在与朋友的会话中无法得到的高水平语言交流，从电台中可以轻易获取。

也就是说，实际上持续收听电台这一行为本身，就是学习有智慧的语言的过程，这也正是与读书相近的一种体验。我之前听播音员生岛弘说过，"在电台中被介绍后，书最畅销"。的确，也许是因为收听电台和读书的人群是相似的，而且，仅凭语言就能够在头脑中想象出画面这一点也是共通的。如果能够在头脑中产生形象，从这个意义上讲，从电台收听并学习知识应是一个非常知性[①]的过程。

---

① 德国古典哲学常用术语，康德认为其是介于感性和理性之间的一种认知能力。——编者注

第 3 天　改变行动的习惯

尝试将听到的话转述给别人

当然，不管多么有意识地收看电视或收听电台，也并不能保证词汇能力会提高或者是智慧水平会提升。重要的是给自己提出一个问题来尝试解决。

比如说，如果经常收听的电台节目，就可以尝试给这个电台投稿。以前经常使用明信片或信件，但是现在使用电脑或手机便可以发送邮件。因为投稿难度大大降低，就可以轻松地投稿。

虽说如此，也并不会被立刻采用。那怎样写会被节目采用呢？这就应该反复听节目来考虑思索了。

相应地，也会苦于不知道如何展开话题，或绞尽脑汁准备精辟的评论或要领。至少因为不想被认为是幼稚的文章，就会注意措辞等系列问题。琢磨这些内容本身，就是在不停地磨炼自己的语言能力、提高思想深度。

或者即便未能到达可以向电台投稿的程度，还有另外一种方式，就是将在电台里听到的话转述给周围的人。当然并非是像重现录音那般讲述，而是经过自己的消化理解，重新整理后再传达给别人。

如果能逗笑对方，或使对方感到惊讶就可以说成功了。如果对方反问"不明白你的意思""哪里有趣呢？"或者敷衍地笑一笑，我们就失败了。包括对谁说了怎样的话，也能反映出"自己的想法"。在提高自己的词汇能力和智力方面，向他人转述可以说是极好的训练。

反过来，如果以这样的实践锻炼为前提，那么收听电台节目的方法也会随之发生改变吧。为了写出能够被采用的稿件，就有必要考虑"倾向和对策"。为把内容传达给别人，尝试从听众一方转换为自己要去复述，要做到不漏听细节，这样一些苦思冥想的尝试是不可欠缺的。经过这样的过程，对电台的语言感觉就能渐渐地变得敏感了。

说到电台，最近由于网络的盛行而稍微有些衰败的现象。但是实际上，电台是语言荟萃的海洋。我希望大家带着这样的印象，重新尝试收听电台节目。

准备能够成功加入谈话的小话题

以前，我和东京大学研究生学院的教授齐藤兆史老师合著了《日语能力与英语能力》一书。根据齐藤老师所言，在英语世界中，日本人很难完美地加入别人的对话，这是因为他们并没有准备好随时能接上的话以配合谈话气氛。结果，这些人往往就被认为"没有自己的想法"，以至于最后他们就被排除在谈话者之外了。

因此，齐藤老师转换了思考方式：利用事先准备的万能小话题加入别人的谈话。这些话题能抓住谈话刚刚被切断的一瞬间并顺利接上别人的谈话:"这么说来,还有这样一件事。"事前准备的话题虽然与当时正在进行的谈话无关,但却能够随时自然、无碍地加入谈话。

事前准备的万能话题,如果精彩程度很高,就能得到周围人的认同,你的话题就会在谈话中产生意义。这样一来,即便之后退居倾听者的角色也可。因此如果能够掌握这种方法,加入别人的谈话就会变得简单易行。

这种方法并不仅局限于讲英语的场合,即便在日本人自己的谈话中,若能事先准备些此类话题,也很容易给人以"这个人真会把握说话的气氛"的印象。除了前文提到的电视、收音机等,报纸也是积累这种话题的宝库。如果在一开始打算锻炼加入别人谈话的能力时就留心报纸中的素材,那么在积累技巧和理解能力方面一定会有进步。

此外还需强调的是要在他人面前将这些小话题加以运用,训练自己。我在大学授课时,就一直在实践这种方法。即4人分一组,每人30秒,展示自己平时积累的素材。

持续几周之后,每个人能聊的话题就渐渐枯竭了,谈话的质量也随之开始下降。因此为了在同伴面前避免产生这种尴尬,就必须更加努力地收集信息,让自己的发言变得有趣。

事实上,这个过程本身就是在锻炼独立思考能力。如果仅存有一两个小话题,或只记得偶尔听到的信息也未尝不可。但**话题量一**

旦变大，我们就必须要积极主动地在日常生活中留心积累了。当积累到一定程度时，就会渐渐发现自己的独立思考能力已经由量变发生质变。此时如果能坚持这种方法并形成习惯，那么不仅我们发现素材的嗅觉更加灵敏，并且也能非常自信地参与别人的谈话。

一般来说，大家应该都喜欢闲聊。当我们在读小学或者中学时，如果哪位老师可以在课前跟我们聊一些小话题，学生们会非常地喜欢他。成人的世界就更是如此，开会或谈判之前，一些小话题便能够舒缓一下紧张的气氛，起到暖场的作用。但这并非说要将自己的意见和经验和盘托出，而是要介绍一些人们认为新颖特别的内容。那么这样的人一定会成为周围人眼中的"优秀人士"。

以"边框化"的概念观察世界

我在欣赏绘画作品的时候，往往也会注意到画框。如果更换了边框，有时会给画作加分，有时则会大打折扣。

所谓画框，就是用来区分画和现实世界的东西。一幅绝世佳作很可能因为画框而变得毫无魅力。比如即便是《蒙娜丽莎》这样的名画，如果从画框中拿出来直接加以展示，可能就不具有如此光芒闪耀的艺术价值了。因此为了能够最大化突出画作的魅力，优秀的画商或是画家往往会为画作配上能起到画龙点睛作用的画框。

第3天　改变行动的习惯

这种规则几乎适用于所有领域。如果想让一样东西更加光彩夺目，就不能局限于东西本身，还应意识到在它周围，存在像画框一样具有装饰作用的加分项。换句话说，如果有东西在熠熠发光，那么它周围一定有"画框"在发挥辅助作用。就是说，应该用"画框化"的概念思考问题。

比如，像AKB48和SKE48以及HKT48之类的日本女子偶像团体，可以说这个定义本身就是一个加分的边框。即使把完全没有明星潜质的女生纳入这个定义，她也能变得光彩照人。虽然在团队的队员必定有优劣之分，但即便一些人的表现并不能尽如人意，由于已经给她们添加了不同于普通女生的定义，那么在一定程度上也起到了镀金的作用。

再来一个更浅显的比喻，杂志和宣传册的专栏也是同理。专栏是给"文字"赋予一种意义，即让读者认为用框区别起来的报道与众不同。这很容易给读者一种错觉，使其认为其他新闻读或不读都可以，但专栏里的新闻一定要读。因此无论专栏的内容如何，先入为主的观念就是专栏中的文字与众不同，给人印象深刻。

如此想来，其实这种"边框化"的思考方法能够广泛应用于各种领域。接下来的一周时间中请一定要尝试这种方法，不管是家庭、职场、电视还是网络信息，请用"边框"的视角观察这个世界。可能刚开始会多少有些牵强，但请试着寻找让人觉得"这是边框化"的事例。

如何打造你的独特观点

这样一来，可能很多之前被理所当然忽略的东西突然就有闪光点了。也就是说，我们获得了全新的视角，这也是"概念"所具有的优势。

所谓"思考"，就是熟练运用"概念"

有效的不只是"边框化"。凡事都能成"概念"，由此观世，应该会有很多的发现。

比如说在学校经常使用的词语里面有"课程表"一词，即学生在这一学期的上课内容和顺序的计划表。尝试用课程表的观点观察世界的话，会发现这世间有非常多事情完全符合计划表，比如说员工手册、电视台的节目表。

虽然这个过程可以看作是头脑的体操，但不能只停留于此，而应该在日常生活中留心这种概念，通过完全符合概念的观点，养成"灵活运用概念"的习惯，这才是"思考"。

以前，我同杰出设计师佐藤可士和先生交谈时，对"思考时概念必不可少"这一观点达成共识。在设计的世界当中，往往会因为一点点的着色和质感导致整体印象完全不同。这就是所谓的"色调与风格"。佐藤先生说，最后的色调与风格才是最重要的。这也可以说是一种概念吧。

如果马马虎虎地完成一件事情，觉得细节方面"差不多就可以"，对于这种做事方式也许不会使人产生强烈的不满，但是专家和外行的区别就在于会不会在细节上钻研。如果把"追求最终的'色调与风格'"概念化并将其作为一种技术，从始至终专注于细节才是至善至美。

或者说注重"嘶嘶"感也是佐藤先生一直以来非常看重的事。"嘶嘶"是指啤酒非常凉的状态时人们大口大口喝时发出的声音，"嘶嘶"感就是指最美味、正是火候的那一瞬间的感觉。虽然这个词语有些抽象，它一开始是用来形容在铁板上煎牛排时热油发出的嘶嘶声，但这种感觉也是设计师所看重的。

我们应该记住这个概念。比如即使是一张照片，我们通常认为证件照缺乏灵动，总是死气沉沉。但是，如果那张照片正好是我们自己最出彩的一瞬间，无论是谁都会感到非常生动吧。假如那样的照片贴在简历上，给用人方的印象也会大不相同。

反过来说，为了能够拍出这样的照片，知道**自己的表情哪一瞬间最出彩十分重要**。也就是说，我们会努力寻找自己最发光的那一刻。如果我们以这样的态度去生活，那我们的意识也会大有不同。

单就着眼于摄影这件事的话，也有办法把被拍摄对象拍得光彩四射。虽说现在使用手机就可以进行简单的拍摄，但仅作为一种记录保存下来并无意趣。人物也好，景色也好，食物也好，如何采光、从什么角度拍摄、突出被拍摄对象的哪些特征，这些问题都需要我们认真思考。形成这种做事习惯，不仅能够训练思考能力，观察世界的方法也会改变。

进一步拓展这种想法，**会联想到团队领导者常常思考的问题：如何使成员表现得恰到好处**。如果成为总思虑"本来应该表现得再活泼一点，但却太沉稳了""队员想做其他工作"等问题的领导，那一定会受到众人的爱戴。

虽然"以成为考虑多方面的领导为目标"有些抽象，但"通过'嘶嘶'感这一概念观察团队"就更容易朝着这一形象努力了。

从"概念"中得到灵感

说起"概念"一词，我们可能稍微觉得有点抽象并难以感知，但也没有必要思考得这么复杂。极端来说，无论什么样的词语都逃不出"概念"一词。比如，我在前面谈到过羽生善治先生，若以他的著作标题《舍弃的能力》的观点来看观察世界的话，会有很多巧妙解释"概念"一词的事例。索尼的员工舍弃录音功能而突出播放功能，将音乐的搬运变为可能；史蒂夫·乔布斯则将极简主义发挥到极致；佛教也讲究"解脱"：通过舍弃烦恼而得到永生的境界。

同样，在羽生先生大放光彩的象棋世界中，他有在比赛结束之后马上进行反思战的习惯。棋局的胜负暂且抛开，两个人要再来一局反省会。不骄不馁，互相提升，感受到像日本武士道那样丰富的精神。

若是从中汲取到"和平结束对战的方法"这一概念的话，小至夫妇吵架，大至民族纠纷，或许都能够从中找到一丝希望，说到这有人也许会联想到松任谷由实女士演唱的歌曲 *no side*。

更为重要的是，**将这种概念与自己的记忆相连接，获得灵感**。需要我们尝试思考是否能够从与自己有关的工作和商品中舍弃某些东西，舍弃人际关系中的某些冲突，进而寻求"和平"的解决方法。

从无到有去获得想法的过程是非常痛苦的。但是，从概念中引导出想法却相对容易，本来"创造"就多来源于自身的记忆。

这可以说是"鱼钩思考"，换言之可以称为"引导思考"。通过某种手段，能够引导出此前被忽视的东西。有时可能还会达到"一石多鸟"的效果，这可以说是一种非常有效的思考方法。

"不按常理出牌"就手足无措

有一个叫作"Ipponn 颁奖"的节目集合，虽说是综艺节目，但是其中经常会出现令人拍手称奇的回答。

比如说，节目中有题目是：只看花牌[①]上的画和第一个假名[②]

---

① 日本的一种纸牌。——编者注
② 日语文字的一种。——编者注

猜句子。出现的题面是有五个在玩投篮游戏的小孩,其中为什么有一个孩子什么都没穿?第一个假名是 yo。

在许多搞笑艺人的回答中,最令我印象深刻的是又吉直树先生的"因为其他四人都看不见"。这回答既玄妙,又令现场所有人感到震惊,还颇有深意,真是天才的回答。

后来,我偶然间在其他节目中又见到又吉先生,不禁感叹:"那天的回答真是妙啊。"根据又吉先生所说,那档节目实则非常紧张,因为必须在短时间内想出既机智又搞笑的答案。

但是,换一个角度来想,可以说正是因为被施加了巨大的压力,才能促使大脑飞速运转,想出令人赞不绝口的回答。这不仅仅局限于搞笑艺人回答问题,也是可以适用于任何领域来保持大脑活跃的方法。

我们在思考时经常会出神,但是,一旦遇到不按常理出牌的情况,就必须更要思考。这不仅仅是教育的基础,也是我个人的想法。就是说,教师的职责包括"如何提高学生的临场应变能力"。

事实上,我在课堂上经常锻炼学生的临场应变能力:"5 分钟读一本书""全员每人 5 秒发表看法""间隔不得超过 3 秒"等训练是家常便饭。这种训练并不是想寻求"正解",而是希望可以从十个人那里得到十种不同的回答。

最初无法招架的学生们在习惯了我的训练之后,反而都变得想要寻求更加刺激的挑战。本来，让大脑在适度紧张感的压力下运转就是一件非常有快感的事，学生们显然意识到了这一点。

这种感觉在工作中尤为重要。热卖的商品和服务大多源于企划阶段的灵光乍现。比如铃木公司的代表车型 Alto 在 1974 年发售的时候仅售 47 万日元，在当时引起广泛热议。我想，这应该是来源于时任总经理的铃木修先生彻底贯彻的"每个零件减轻一克重量，降低一日元成本"的这一方针。

某种意义上，在工作中可能要像哆啦A梦一样有创意。从大胆的想法出发，得到"这是个好想法"的灵感，就诞生了全新的创意。

"人类要登上月球"的胡思乱想促使科技飞跃

如此说来，可以说大胆的创意对于成为领导者是必不可少的条件。领导者提出困难的课题的话，全员就不得不再三讨论了。

在这种激发创意的场合，必然会产生思考的火花。这既能够让团体成长，又有利于团队协作。

典型事例就是美国的肯尼迪·约翰逊总统提出的"阿波罗计划"。

20 世纪 50 年代，苏联成功发射人类第一颗人造地球卫星——斯普特尼克 1 号，在探索宇宙空间方面力压美国。美国的世界霸主地位被动摇，以至于美国开始更正初等教育。这在历史上被称为

如何打造你的独特观点

"斯普特尼克冲击"。

苏联更是在1961年成功发射了第一艘载有飞行员加加林的宇宙飞船"东方号"。约一个半月之后,肯尼迪总统在国会中宣布:"美国将在今后十年内将人类送往月球。"

这种行为大概是空前的。当时距离莱特兄弟发明载人飞机也只经过了60年,而宇宙载人飞行方面即使是美国也不过是才成功做到轨道飞行(在宇宙空间稍作停留便返回地球)的阶段。

但是,为了人类的梦想和恢复美国的世界地位,美国人民树立了远大的目标。正因为是总统的宣言,所以更不允许失败。为了实现这个计划,美国倾注了巨大的费用和智慧。

众所周知,在1969年,阿波罗11号成功实现了这个大胆的计划,同时美国也向世界展示了实力。虽然那时肯尼迪总统已经逝世,但这成为了他向世人展现卓越领导力的成功范本。

顺便一提,电影《阿波罗13号》中从事故到生还的所有经过也是来源于宇宙的考验。当宇宙空间系统出现问题的时候,根据宇宙飞行员的信息报告,地面上的美国国家航空航天局(NASA)成员全员出动,商讨一切方法,向宇航员发回指示。

他们必须分秒必争地做出判断,一步出错全盘皆输,"还是不行啊"这样的放弃意味着失败。宇航员自不必说,对于NASA的成员来说这也一定是高度紧张的战斗。

但是,正是这种高度的紧张提升了思维集中能力和团队的凝结力，使团队能够做出准确的判断。若说 NASA 的控制室里迸发的思想火花在人类历史上留下浓墨重彩的一笔，也并非言过其实。从这智慧中感受到美感的人，大概只有我吧。

在我们的日常生活中，很少有能够如此激发我们紧张感的事情。换言之，我们可能还有未发挥出来的思考能力。因此，领导者天马行空的提议就十分有意义了：通过把成员逼到"狗急跳墙"不得不想出应对措施的境地，来提高我们自身应对意外情况的能力。

通过"提问能力"聚焦思考点

通常我们对"思考"的认识仅停留在脑中。但是，不可缺少的前提是"提问"这一步骤。特别是作为社会中的一员，这是非常重要的一环。

前面提到的佐藤可士和先生，也认为做事情应该先从彻底了解客户的要求和意见，仔细确认后再开始工作。如果一开始就搞错方向，无论给出多么出色的意见也毫无价值。

我们有时会在询问客户的过程中得到关键信息。东京都立川市有一所以环型建筑闻名的藤幼儿园，据说设计灵感来源于园长的期望，他说："希望有一个可以玩耍的幼儿园。"

当然，无论是谁，关于工作上的委托都会认真听取客户的意见。但我们很多时候只是某种程度上的询问，就自以为已经了解对方的需求，余下的意见就充耳不闻了。往往越是经验丰富的人越会发生这种情况。

要是能达到对方要求的话倒也无所谓，但我们的理解经常会发生偏离。如果按照自己的想法做事情，最后总会重复以前的方式，无法进步。而明确了解对方的要求，走出已有的思维定式，采用具有挑战性的新的思考方法，就能够让自己接受新事物的刺激，拓展工作的维度。

只是沉默倾听，也不一定能掌握工作的全部要求。这是因为即便在日常交流中，想要准确传达自己的观点也并非易事。

因此，就引出了"提问能力"的重要性，通过反复提问，慢慢聚焦于重点。在这个过程中，我们会彼此了解，得到灵感，这个过程本身也绝对可以称得上是有创造性的过程。

提高"提问能力"的关键有两点。一个是积极地做备忘录，不仅要记录对方的发言，也要随时记录下自己想问的话。

另一个关键之处就是**用心研究提问**。即使记录下想问的问题，也不能将记录下来的东西全部都提问。我们必须**挑选出具体的、本质性的问题**。因为抽象的问题没有意义，脱离本质的问题也很有可能与讨论本身无关，那么这样的问题不管问多少都是浪费时间。

现实生活中，一般都会在演讲会的最后设置提问环节。遗憾的是，很多提问都是不得要领的。有自说自话的人，也有人的提问与报告会内容毫不相干。有时会惹得回答者想要反问："为什么要问这种问题？"

本来，在这种场合下，应该称赞积极提问的勇气。但在提问前，需要仔细斟酌提出的问题，这种习惯也非常重要。

准备三四个问题之后，在实际提问时选择其中的一个。只有一两个问题的话，请谨慎考虑你提的问题是否有意义。如果以这种态度来准备问题，最后提问的质量应该会非常高。不仅是演讲会，也适用于平时的会议和谈判。

每个人都应该成为"咨询顾问"的时代

通过锻炼，可以提高"提问能力"。

比如在我的研讨会中，有时想让与会者担任咨询顾问的角色。将初次见面的两个人分为一组，一方扮演咨询顾问，另一方扮演不断提问题的人。

虽然说话比较多的是提问者一方，但实际的"主角"却是咨询顾问，因为有很多问题几乎在梳理的同时，咨询顾问就已经想出了解决方案。咨询顾问不仅仅提供解决方案，还要厘清提问者问题中的困惑，将提问加以归纳整理。

通过实践这种方法，即使是初次见面的两个人，也会迅速地拉近彼此之间的距离。由于两个人都为彼此设身处地地着想，比起普通的交流,这样的意见咨询更能吐露心声。

并且,如果能够得出某些结论,两个人便会萌生共同奋斗的感觉。因为这是两个人绞尽脑汁共同想出的解决方案,会将彼此视为"战友",这在日常生活中也很常见。

此外还想闲谈几句,研讨会之后举办的晚宴也非常热闹。熟悉的伙伴会在会场向彼此介绍自己的朋友,不知不觉间就扩大了交际圈。

即使不是研讨会的形式,也可以实践这种方法。比如,企业内部也可以召开上司和下属、前辈和后辈之间的例会,这种会议一般不必过于注重形式,同事之间下班后一起喝酒又太麻烦,所以往往在一间会议室进行就足够了。

下属和后辈的话题往往集中在工作上遇到的困难、工作计划、中长期目标,等等,他们一般不会从聊私人话题开始谈话。上司和前辈会针对这些问题对他们进行提问,然后提供一些指导和解决方案。在企业内部,这样的交流越多越好。

反复练习这种办法,既可以提高领导的提问能力,又能够解决下属的困惑,还可能会拉近双方的距离。最后,如果能够激发组织的活力,那就再好不过了。

尤其是最近,我更加意识到增加这种咨询的机会和技术在很多方面都非常有必要。日本人即便心里感觉不愉快也坚决不会敞开心胸。即使你问他"你这样不会觉得内心很沉重吗",他也只会回答

第 3 天 改变行动的习惯

"没关系的"。

这就像在理发店洗头时,如果美容师问"这里痒吗",日本人会条件反射般他回答"不痒"一样。如果理发师善于察言观色,问:"这里怎么样?"并重点洗某个位置的话,顾客就会感到非常舒服。我们也应该向这样的理发师学习。

当我们成为提问一方的时候,我们不能仅停留在浅显表面的问题:"没有问题吗?""有在意的地方吗?"如果提出的问题能细致到"反过来什么时候会感到轻松?""如果不想上班,请列出 3 个理由,并按照优先顺序排序",那么得到的答案应该就不止"没问题"这么简单了。即使是作为商谈的一方,如果有人真诚地提问,无论怎样心里都很想要和对方沟通。

这样一来,就算没能想出解决方法,谈话的气氛也会非常愉快。虽说没有必要将此上升到"助人为乐"的高度,但是如果有人因为询问了经过推敲的问题而大有收益,这种方法就值得发扬光大。

若愿为此掌握"提问能力",那么做事也一定会精益求精。

缓解压力的第一步是温暖身体

前阵子,我和时尚模特栗原类进行了谈话。与传言一样,他是一位非常独特的人。

如何打造你的独特观点

虽然在公众眼中，栗原类是一个消极的人，但他自己从未这样说过，也不这样认为。他从这种认知差异中会感受到很大压力，那么，这种压力到底是如何产生的呢？

就我所见，栗原的问题在于只在意是否正确传达了自己的感情和想法，而不关心对方是否接受或理解。但是相反，很多时候需要注意输出与输入的"一致性"。相比于自己的主张，我们更应该重视谈话时的气氛以及与对方的关联性。

这并非善恶的问题，差异也不可能简单地被消除，如果大家都是步调一致的话也会很索然无趣。我送给栗原的建议就是存在"误会"也未尝不是好事。

接下来就引出了一个话题：我在面临压力时会怎么做？我的回答是："**首先让身体变暖。**"泡澡、蒸桑拿也好，冬天时拿着暖炉散步、喝些热饮也好。通过这些方法让手脚变暖，人也比较容易变得宽容。这些都是我的亲身经历。

人在饥饿、寒冷、睡眠不足的情况下容易心情不快，虽说只要改变其中任何一种情况都会让心情变得愉快，但见效最快的还是让身体变暖这个方法。

比如说，哪怕是晒太阳这样的小事也会让我们身心愉悦。既有利于血液循环，又能够使我们的大脑变得更加活跃。

个人层面的事情自不用说，企业内部更应该开展相关的课题。比如说，如果一场会议气氛不和谐，这可能并不仅仅是议题或参会人员的责任。如果尝试在参会者的脚边都放一个盆,边泡脚边开会如何呢?也许再困难的问题,都可以其乐融融地进行了。如果希望会议中每个人都能积极献策的话,可尝试这一建议。

我也听说最近有的公司在会议室准备了小型蹦床。如果有人在会议中无法全神贯注,可能就会被命令去跳蹦床,很快就会变得清醒,积极地参加到会议当中。

这的确是好主意。泡脚和跳跃都可以改善血液循环,是放松身心的好途径,还能够驱赶睡意。我期待有越来越多的公司能安装这些设备。

推荐公司内部团建

虽然大多数公司并没有安装蹦床,但却都有"团建",简单来说就是一些活动身体的小游戏。团建游戏既能愉快气氛,又能活跃大脑,因此常常被公司采用。

在二三十岁的时候,我曾参加过很多活动。比如英国皇家剧院主办的戏剧团建中,曾提出一个课题:全体成员组成一个大型机器。即每个人自由活动身体的同时,周围的人也要连带着一起活动。就是说当一个人连续地挥手时,他旁边的人也要开始屈伸运动,再边上的人就要两臂平伸像人偶玩具一样晃动。

这种活动没有固定规则,只要求每个人发挥自己的想象力。游

如何打造你的独特观点

戏中可能会出现两种人，一种人能马上反应出自己要做的动作，而另一种人会手足无措。那么前者就是可以随机应变的人，后者就可能头脑较为僵化。不言而喻，现代社会更需要的是前者。虽然是一个简单易操作的游戏，但却能如实展现成员之间的差异。团建的有趣之处正在于此。

这种团队游戏似乎也已经渗透到了演艺界。据说野田秀树在表演之前有一个惯例，就是会做一些团队的小游戏，从游戏中获得灵感并运用于表演。

如果在公司将团队活动加以实践，一定会收效颇丰。即便思维有些僵化的人，多次参加这种活动，从中发现窍门的话，也会变得头脑灵活。**通过活动身体来让大脑变得灵活**，对激发工作中的创意也有助益。相信大家都是跃跃欲试的。

据说搞笑艺人宫迫博之先生的知名台词就是"在下宫迫！"。也是因为他参演了野田先生的戏剧，在表演前进行团队活动的过程中连续打了几天太极拳，不知不觉就掌握了那个独特的动作。

尝试随着音乐摇摆身体

事实上，身体受到的刺激很大程度上会影响大脑。有人在吃饭时会灵光突现，也有人小酌一杯才会得到启发。分享一个有趣的故事，诺贝尔物理学奖获得者益川敏英先生就是在浴缸里获得了灵

第3天　改变行动的习惯

感,从而提出"小林-益川理论"并被授予诺贝尔奖。据说在他走出浴缸时,理论全貌已大致形成。

提到"刺激"这点,我一直都很重视的就是在游泳池里潜水的过程:并非频繁地潜水,而是边潜水,边吐泡泡。在这个过程中,世间的所有烦恼、不安和懊悔都会一扫而光。与外界的声音隔绝,自己的身体也变得轻松,那些最为痛苦、烦恼的事情也都会消失不见。

等到自己憋气到极限时浮上水面,会感觉整个人焕然一新。往往在这个时候头脑中会瞬间浮现出新的灵感。我称之为"禅泳",并享受其中。

这不是我独有的特权,因此想推荐给更多的人。时间尽量在10~20分钟。首先吸气3秒,潜水,然后慢慢地吐气。反复这一过程,就会产生一种重获新生的感觉。

还有一种好方法,就是身体随着音乐慢慢摇摆。若是擅长乐器的人,一定会在弹奏乐器的过程中让自己返璞归真。

作为一名初学者,我最近在练习尺八[①],并从中感受到人也是乐器的一部分。我本来就倾心于藤原道山先生的演奏声,偶然一次与他见面的时候表达了"我也想吹尺八"的想法,因此有幸得到了一支藤原先生赠送的尺八。

据藤原先生所说,演奏笛子的要领是在音孔吹气的时候能感

[①] 中国古代乐器,竹制,外切口,属边棱振动气鸣吹管乐器,以管长一尺八而得名。——编者注

如何打造你的独特观点

受到"啵"的声响。我按照藤原先生的指导进行了尝试，发现的确如此。遵循这种方法，即使是我这种初学者也能吹奏出声响。虽与"演奏"水平还相差甚远，但也自我感觉像是日本的虚无僧人[①]一样将呼吸变为笛声，充满整个空间，随之又返还到全身，能够体会到心情愉悦地随着音乐共鸣。

这可以说是增强版的哼唱吧。我以前也曾练习过哼唱，那时候学到的技能是震动头盖骨。根据个人头盖骨的形状和大小，存在最容易发出声响的音程。找到这种音程的话，会发现头盖骨的震动频次不同哼唱的声音也各不相同。

那一瞬间心情也无比欢愉，自身与世界产生共鸣，形成一体，从而产生一种放松的感觉。也许尺八是一种门槛较高的乐器，但是哼唱却是每个人都能够做到的。在不打扰周围人的情况下，希望大家寻找到一种与自己的头盖骨合拍的音程。

"玩心"丰富想法

越是被称为"优秀"并承担重要责任的人，越能够出人意料地轻松度日，这样的事情让我们吃惊不已。这些人可能拥有一项共同的特点，那就是有"玩心"。

[①] 头戴深草笠，不穿僧衣，披着袈裟，吹着笛子，边乞讨金钱边云游修行的日本普化宗带发托钵僧。——译者注

第3天　改变行动的习惯

典型实例就是一位在甲级联赛中大展身手的棒球投手，叫作达比修有。他和卡夫雷拉（在2012年赛季中取得三连胜，非常厉害的运动员之一）对战的时候，即便遇到很严重的犯规，在投球区的达比修有也能够展露笑容。比赛之后的采访中，他说道："当时想的就是好好打球。不论胜负，只想享受比赛的过程。"

以前，电视台有一个说法是"姿势一年一变"。对于普通投手，一旦遇到一个好的姿势，一般都会想尽各种办法维持不变。但达比修有却与众不同，当然变换姿势也可能得到进步，他的想法是："好不容易得到做投手的机会，想要尽可能多地享受各种投球姿势。"

他也曾经说过："通过掌握各种姿势，能够发挥出的力量也会增强。"以前有过这样的说法：在承担身体重心的一条腿上积蓄力量的情况下，投球会变得困难，因此就只好笔直站立着投球。但出乎意料的是，这种姿势下投出的球成绩反而不错。自此衍生出一种投球技巧，那就是不要过于积蓄力量来投球。

确实，从达比修有的做法来看，如果只是维持一种姿势，那么就很难应对情况的变化。根据环境变化灵活应对，身心从容不迫，才是强大的表现。

这种道理不仅仅体现在棒球投手身上。越是经营大型企业的人，越喜欢和别人轻松地进行一些闲聊；越是功成名就的发明家，越能够接受新的挑战。可能正是因为他们每天都在过着高度紧张的生活，才越需要这种"玩心"来中和这种紧张。结果就是，产生了划时代的新思想时，展现出"优秀"和"中等"的差别。

虽说不是谁都能从事"优秀"的工作，但是谁都可以像"优秀"的人一样保持一颗"玩心"。若是以一种"尝试一下吧""如果不行，返回原点"的态度来进行工作，说不定会有"灵光"突现。

第4天

深化"自己的想法"的读书方法

深化思考最高效的方法

"畅销书"是最合适的谈话素材

我对NHK电视台播放的电视连续剧《海女》的热播仍然记忆犹新。故事本身的精彩自不必说,其中频繁出现的即兴台词和小诗也大受喜爱。作为人们日常谈论的素材,能引起人们如此大规模讨论的电视剧并不多见。要是谁能够说出这些小诗的典故来源,那么这个人一定能成为大家谈话的中心吧。

并且,在谈话中也可将自己的偶像论、对泡沫经济时代的回忆以及故乡之间的关联交织起来。也就是说,容易反映"自己的想法"。

不过,因为节目结束已经过了一段时间,现在很难再讨论《海女》的话题。虽然也可以用其他电视剧作为话题,但不一定会像《海女》一样家喻户晓。

那么现在热门的话题是日本的偶像团体AKB48吗?这也很难说。在粉丝之间交流的话没有关系,但与客户、上司交谈时,最好不要谈及这些话题。

在此，值得我们关注的是畅销书。畅销书意味着读的人可能会有很多。由于书能够比电视剧和偶像团体有更多样的解释，因此也更加可以反映"自己的想法"。

比如，阅读了百田尚树的《被称为海贼的男人》一书之后，我与同样阅读了这本书的读者交流。我们有很多的主题可以聊，比如说：主人公国冈的判断能力、公司内也重视"情感"、团队协作的重要性、国家利益到底是什么等等。在交谈中，能够围绕自己的意见展开则非常有意义。

极端点来说，**我们会很容易认为，正是因为这个人跟我读了同一本书，那么他应该是有"自己想法"的人**。这虽然也有可能是错觉，但是如果我认为是正面的事物而对方也同样如此认为的话，会瞬间拉近两个人之间的距离。这就好比两个喜欢养狗的人养了同品种的狗，彼此见面时，会不由得判定"这个人是个好人"或"这个人是一个值得信赖的人"。

我一直以来都要求学生"多读书"，尤其是读畅销书和有话题的书，因为可以从中接触到强大的处世方法。

比如说，学生在找工作的面试环节中常会被问到这样的问题："你最近读了什么书？""你最喜欢的书是什么？"这时，如果只回答读了一些推理小说、轻小说的话，无异于告诉面试官"我上学的时候净顾着玩了"或"事实上我从高中毕业之后就止步不前了"。但是，如果能回答出"我读了《被称作海贼的男人》一书并深受感动",面试官的态度也一定会有所改变。

当然,也非常推荐回答司马辽太郎的小说。因为与企业里的人聊天,谈论一些企业小说和经济小说会更有共鸣。这也是处世之术中很重要的部分。

通过读书掌握思想的"耐力"

读书是锻炼思考能力最简单的方法。书中表现出的某种"思考",读者受到启发后努力实践。读者会受到触动,获得思考的契机。

本来即便是不读书的人,也会认为自己"每天都在动脑",但问题在于思考的"耐力"。稍稍思考便很快满足,然后轻易得出结论,这样马马虎虎地思考和"不动脑"其实并无差别。觉得已经彻底思考过而沾沾自喜的人想必也不在少数。

从这一点来说,由于书中有一定程度的内容,**读书读得越多,相应地就越能够锻炼长时间持续思考的能力**。这种能力与运动能力相同,如果能够坚持每天跑20公里,那么明天再多跑20公里就没那么困难了。

但是,对于那些平时不跑步的人来说,即使是1公里的路程,也很痛苦。耐力是通过每天的坚持锻炼来获得的。正如很多运动员所说:"练习容不得半点虚假。"

换言之,**读书量是衡量思考能力的标准**。如果可以读200页的书，却不能读 400 页的书，这说明**大脑的思考耐力也不足**。和体力一样，不加以锻炼，就意味着无法增强头脑的耐力。

更何况，最近总有一些书籍为迎合那些"虚弱"的读者，不停地简化书的内容。比如经常胡乱另起一行、减少每页字数和行数、放大字体等。但由于这些书很畅销，即便是出版社也无能为力。

但是，要想锻炼思考能力，就不能屈从于这样的潮流。我想向大家推荐的是以前那些结构扎实、内容丰富的书，通过接触这类书籍可以增强"基础体能"。

如果让叔本华和尼采对读书做出评价的话，他们会说"读书是懒惰的人做的事"。因为读书不是一个人在思考，而是在优秀的作者带领下进行思考的。在他们看来，读书是一种轻松的思考方法。

如果要立志成为贤人，还有很长的路要走，但对我们这些普通人来说，到达"懒惰人的境界"是先决条件。

在书店沐浴"知识的光辉"

希望大家养成逛书店的习惯。我以前出版过一本书叫作《如果有十分钟，请去书店》。这并非假设，而是我的真心话。

如果只有 10 分钟的空闲时间，我会冲到书店，浏览一下杂志，翻翻新书。所做不多，但也能让我感受到智慧的刺激。**置身于书店**

第4天 深化"自己的想法"的读书方法

可以称得上是沐浴在智慧中。

本来思考就是接受某种刺激。世界上并不缺少"求知欲和好奇心旺盛"的人,我同意他们是"思考能力强的人"。相反,如果有人"求知欲和好奇心薄弱"、"对任何事物都不感兴趣",人类的思考能力就岌岌可危了。

回顾一下孩童时代,我们每个人应该都是充满了好奇心。为什么甩动装满水的水桶,里面的水也不会洒出来?星星的世界里有什么?蝌蚪是怎么变成青蛙的?这些问题大概每个人都曾经想过,在孩童的眼中,世界充满了谜团。虽然这些现象并不值得刻意去观察,但是孩子们也从水桶、星星和青蛙中发现了问题。这就是好奇心。

但是伴随着年龄的增长,这些问题不知不觉中都得到了解答,我们每天越来越忙碌,好奇心也消磨殆尽。这就是思考能力的危机。

在这种情况下,如果我们去书店逛逛,就能够唤醒好奇心。因为所有领域的专家都努力让读者来读他们的书,希望读者畅游在知识的海洋中。这是一种通过与朋友交谈或在网上聊天所得不到的体验。

根据DNA研究先行者村上和雄先生的著作《开关打开的生活之道》,我们所携带基因的开关基本上都是关掉的,打开这些开关的一种方法就是与优秀的人交往。

如何打造你的独特观点

如果只是与同类的人交往，不管经过多少时间，我们还是"一成不变"。如果我们想达成一个目标，首先应该积极谋求与那些已经实现目标的"前辈"交流，才会有所裨益。通过和优秀的人才交流来接受刺激，沉睡的基因可能就会苏醒。

当然，在如今这个时代，谁都可以出书，因此作者的水平也可能良莠不齐。但是，以岩波文库[①]为例，其中汇聚的一流人才都是人们公认的历史上有名的人才。在我高中和大学时代，持有的岩波文库的数量甚至成为一种评判一个人层次的标志。

书店就是一个可以轻易遇见"知识的巨人"，并得到启发的地方。

不现于图书馆与网络，仅现于书店的东西

或许会有这样的观点：如果单是从遨游在书籍的海洋这一层面上来说，图书馆也有相同作用。但图书馆的藏书基本不具有时效性。如果想要感受"现在进行时"的活力，书店可以实时满足这些需求。此外还有一个现实的问题，即图书馆的数量远少于书店。即使站在大街中央，能够一眼就发现的还是书店吧。

最近不在书店购买，利用亚马逊买书的人越来越多。我虽然偶尔也会网购图书，但我并不认为书店失去了存在的必要。只不过书

[①] 日本岩波出版社出版的系列丛书。——编者注

第 4 天　深化"自己的想法"的读书方法

店的存在价值与以前完全不同罢了。

网购图书的一个前提是我们已经决定好了要买的书。但是在书店，我们会一边翻阅很多书，一边寻找启发，这种体验获得的意义是网购所无法到达的。

现如今，网上书店都在展示书的内容上面花很多功夫。但是，还是无法实现那种随手取书、随意浏览的现实感觉。

近来，正是由于许多信息都来源于网络，与之相比，置身于书店、享受与书籍邂逅的惬意才更有价值。浏览那些整齐排放的书籍名称，才能够直观地感受到"这些标题中最能启发我的是哪一个"。书籍也会发出"快来读我"这样迫不及待的请求。

另外，如果偶然间逛到了平时不会注意的角落，读了几本从前不会读的书，便会惊叹"还有这样的世界啊"，这也是只有逛书店才能体会到的乐趣。

顺便一提，我们在书店里通常都站着浏览杂志和书籍，相比坐着或躺着，站立时我们的大脑更清醒，也更容易思考。

在柏拉图的《会饮篇》一书中，描述了这样的场景：苏格拉底说，"我刚好有事要想一想"，说完便离开同伴，一直站着思考。如果仅是形式，我们也可以模仿苏格拉底。从这个观点来看，书店也是有利用价值的。

因此，我经常会选择书店作为和别人碰面的场所。如果距离约定时间还有 30 分钟，我会去咖啡馆打发时间，但是 10 分钟的话就是一个不长不短的时间长度了。因此，我一开始就把碰面地点选为书店，这样一来等待的时间不会那么漫长，在此期间我刚好可以遨游在知识海洋中，因此推荐大家尝试。

如此，将去书店与日常生活联系起来，每天的生活就会充满干劲。到了晚上，睡觉前回顾这一天时，即使有不愉快的事情发生，只要想到"至少在书店的那 10 分钟是充实的"也能变得积极向上起来，然后鼓励自己"明天继续加油"。

从所买的书中"回本"的方法

如果向学生传达这番话，或许会有人提出"不要，书太贵了"这样的反对意见。前面提到过的《被称作海贼的男人》这本书，上下两册加起来也要将近 3500 日元。因为书籍厚重而没有读完，有时买书可能会成为一笔无用的支出。

如果觉得买书成本太高，那只要思考一下"回本"的方法就可以了。这些学生并非身无分文，这一点从每月为智能手机的花费可略见一斑。但如果停留在用手机交流这种水平上，那不论投入多少金钱，也不会有很大收获。与之相比，投资那些可能对自己产生影响的书，则是更具建设性意义的选择。

因此想要收回成本，我建议将自己读到的内容和印象深刻的地方分享给他人。

第 4 天　深化"自己的想法"的读书方法

不是向一两个人分享，目标是向十个人分享。也就是说要找出十个地方，"向 A 分享这一部分的内容，向 B 分享那一部分"或者"聊起这个话题的话讲这个故事，聊起那个话题的话有那个故事"等，要提前考虑好想要分享的人和话题。

为了能够找到更好的内容，要提前准备好三色圆珠笔和荧光笔，遇到值得注意的地方可以直接圈注。顺便折起来这一页的书角，也方便日后回顾。在此基础上，如果能进行 15~30 秒的预演就更完美了。

如果能将这些融会贯通并讲述给别人，那么书中的内容就都能转化为我们自己的知识了。同时，周围人也会对你形成"有自己的想法"的印象。你也会有展示自己"热情"的机会。因此一开始可以以此为出发点来读书。

但是，如果选择了过于专业的书，也许会很难被他人所理解。所以，首先选择那些畅销书或者是大家有共同话题的书，可以防止这种情况。

当然，畅销书也有很多种，如果进一步从中选择，我认为那些两三年后仍然具有价值的书较好。虽然一时大受追捧，但一年过后再不能泛起半点波澜的书籍并不在少数，也就会说这些书的"保质期"很短，可能无法收回成本。

想要看穿这一规律最简单的方法就是浏览亚马逊等网站的书评。即使是很有话题的书，如果评论很少，可能并无价值。相反，如果是三四年前的畅销书，并有巨大的评论数量，时至今日仍然有人做出评论，那么这本书就可能是长期畅销书，购买之后不会有损失。

古书典籍最具性价比

　　古书典籍虽然不是近期的畅销书，但可以说是书籍世界中的"常青树"，拥有不变的价值。从很久之前到现在都被很多人相继阅读，如此考虑，古书典籍的保质期大概是"永远"吧。

　　古典书中有很多值得推敲的部分。《论语》等就是这类书的典范，不同情况下都能应用的简洁文章数不胜数。如果牢记那些喜欢的部分，便能够使我们做到随机应变，《圣经》《徒然草》也是如此。这些书的内容包罗万象，是在任何场合下都能使用的语言宝库。

　　并且，**想要作为一个有深度的人，古书典籍也是最强有力的武器**。当听别人说话或浏览网页内容时，有时是否感觉到"这个人好肤浅"。可能会觉得这些言论只是拾人牙慧，既停留在表面而且理解得又片面。

　　特别是近来，这种肤浅风气越发盛行。由于这是个信息爆炸的时代，信息质量参差不齐，也越来越难判断哪种信息有价值，此中有深度的信息也正在慢慢消失。

　　当面对一个感觉"肤浅"的人时，我们会无法忍受其发言。同样，我们每个人都不想成为肤浅的人。因此，即使积极地通过网络获取信息，所得到的也大多是没有深度的内容。不加以鉴别这些信

第4天 深化"自己的想法"的读书方法

息而全盘接受，本身就是存在问题的做法。

那么，怎样做才可以增加思想深度并获取价值呢？答案之一就在古书典籍中。以弗洛伊德、陀思妥耶夫斯基、尼采、夏目漱石等人的思想或是古希腊的哲学为立足点，建立对人或事物的看法。通过接触伟大先人的深度思想，不断发掘自己的独立思想。根据这些，饱览精神文化的历史，并将此作为技能掌握，这就是"有深度"。

试想，还有比这更简单的方法吗？重点是只要接触古典书就可以。如果原著难度过高，可以看一些解说类和入门级别的书。

并且，正因为是古书典籍，与人交谈时对方的反应也会有不同。假如你跟对方说"在日本的古典名著《徒然草》中有这样一段话"，如果对方不知道《徒然草》中有这段话就会心生羞愧。并且你仅凭这一段话就会获得很高的评价："这个人见识广博，肯定很有深度。"即便事实是你只知道《徒然草》中的一小节。

因此，接触古书典籍绝对是一件性价比很高，并且有助于形成"自己的想法"的事情。其中经常让人难以理解的解释，也不必过于深究，因为语言本身十分深奥，其中就有很多耐人寻味的内容。之后，也可以请听众逐个解释。

"古典力"的魅力使发言有分量

阅读古书典籍就相当于为这个人增添"镇住人的威力"。

如何打造你的独特观点

现代社会中的信息"保质期"都很短,即使是最新的信息,也会很快会过时并失去价值。正因为处于这样的时代,传统意义上来说,抛下"古典之锚",才能保持自我不随波逐流。

精神文化就是这样一种存在。基督教存在的基石就是《圣经》,了解《圣经》的人,不论出自什么背景都有一个共同之处,那便是"保持一颗信仰之心"。对于崇尚儒教的人来说,《论语》也具有同样的作用。也就是说,所谓精神文化,就是共有的社会性的遗产。

如果想要古典更具实用性,就可以将自己的经历与古典的篇章相结合,形成一个小话题,向别人表露自己的经历时,一定会受到对方的敬佩。

我以前曾经问过一个有剑道段位的朋友:"你最近在读什么古书典籍啊?"他回答道:"因为我在练习剑道,所以我只读了宫本武藏的《五轮书》。"

于是我请朋友就《五轮书》感兴趣的部分聊一聊。他马上发表了下面的见解:

> 根据《五轮书》,对事物的看法分为"观"和"看"两种,同时兼备这两种看法十分重要。这是剑道的精髓。

也就是说宏观把握全局的"观"和集中一点的"看",这两者都有必要掌握。如果这是普通段位的练习剑道者的言论,对此没有兴趣的人可能并不会从中得到启示。但是如果是宫本武藏所言，这种看法立马就有了深度，并且可以作为自己人生的座右铭，由此看来，精神文化的传承支持着的古书典籍。

换句话说，没有必要凭借一己之力来加强个人的深度。为提升深度，只要明白选择什么样的古书典籍作为引航人来引导自己就已足够。

根据个人品性喜好不同，可能是宫本武藏、兼好法师，也可能陀思妥耶夫斯基、夏目漱石或者孔子的学说更契合他们的性格，选择哪一位作者的哪一本书才适合自己，时间是很好的证明。

如果有这样一本书，多少会有方便之处。一开始可能会难以进入阅读状态，但是一旦"交往"一段时间过后，一定会成为长久的"好朋友"，也就是说，有了"自己的古书典籍"。推荐大家有机会的话，请务必尝试去选择并阅读。

读书经历＋实际经历能够创造独特的小话题

众所周知，不仅是古书典籍，就是普通书籍的读者都在减少。环顾地铁里面的乘客，基本上都是一些忙着玩游戏和聊天的人，全无想要加深自己深度的想法。

因此，我在高中一有发表报告的机会，就会向大家呼吁："晚上9点钟过后，手机需要充电，那么大家用读书给精神充电吧。"同时，我也不忘反问大家："**如果只跟朋友聊天的话，人就会变得**

肤浅。你想变成这样的人吗？"

在大学中，我也会半强制那些学生养成读书的习惯。并不仅仅是读，而是如前文所述，提取 10 个左右自己喜欢的部分，将它们和自己的经历结合为一组，编成一些小话题。时间控制在 15 秒以内，然后与其他人交流。也可称之为"15 秒演讲"。

如果只是经历的小话题，大学生们大概只会说一些自己在高中时代参加过的社团活动。虽然这些都含有自己的想法，但听众却可能觉得千篇一律，也很难发展为有深度的谈话，结果很有可能对方中途就厌烦了。

只是引用书本内容去"创造"经历的话，就会失去真实性。不管是多么精彩的发言，听众只会觉得"这怎么了""完全和现实不是同一个世界"。

但是，哪怕有些牵强，稍微将两者结合，谈话就会变得有深度并且真实，也会增加说话人的独创性。可以说，两者正好像做饭时食材和调味酱的关系。在从书中引用的一级素材上，添加自身经历这一原创调味酱，这就能够展现说话者非凡的能力。

换言之，这也可以变为自身的人格魅力。有很多人很看重"个性""自己独有的特征"，但是，如果这些纯粹是根据自己的经历形成的话，多少会有些单薄。

如此一来就要拓宽经历的幅度。虽说钻研特殊的领域也是方法之一，但这并不是谁都能做到的。因此，也应将读书体验理解为一

第4天 深化"自己的想法"的读书方法

种实际体验。要将从书本中获得的惊讶、感动、兴奋当作自己的体验来讲述。这样一来,就可以无限拓展体验的幅度。

一旦习惯了这个训练,就可以在任何时候将"自己的想法"展示为话题。同时也能够将书本上的知识长久烙刻于脑海之中。不仅如此,也要留心书本中的文字,以一种留意是否能结合个人经历或形成小话题的态度来阅读书籍。

这种感觉类似于建立自己的"天线"。如前文所述,书就是挖掘自我、获取新信息、打开自我的工具。只要是现代人,都能够意识到书本的重要性。

"打坐"这一行为的目的是净化身心,逃离语言。这虽然是寻求悟性、追求真我的有效方法,但这过程中却不能灵敏感触到外部的信息。另一方面,我们每天都会有所感悟并改变自己的认识,然后付诸行动。粗略来讲就是受到某些感触而成长,更新"自己的想法"。

这样来说,接受感触的敏感度越高越好。并且,近来对于各种各样的信息发表评论本身就很容易被视为有"自己的想法",或者小话题越丰富,也越容易给人以"有趣"的印象。也就是说不管是输出还是输入,要明确自己的敏感度有多高以及能否打开自我。

读书有两种模式

"没有阅读的时间"是不读书的理由之一。学生暂且不论,工作之后确实比较忙碌。由于身心易疲,很多人对读书也没有了兴趣。

如果是这样,读书其实有两种模式。一种是培养自己的精神世界,需要花费大量时间一点一点地阅读。也就是所谓的"慢阅读"。

还有一种模式是为了获取信息,可以加快速度阅读。这种模式是"快速阅读"。

这二者中,对于那些比较忙碌的人来说,后者无疑更加有用。**快速阅读的重点不在于"读透",而是在于能够通过阅读书中两成的内容,快速吸收八成的信息。**

当然,其中是有要领可循的。书本一般将重要信息放在开头,将结论放在末尾。首先要大致翻阅找出必要的内容,读完时就相当于已经"读完全文"。这虽然好像属于"鉴赏"领域,但由于日常生活中我们都有类似经验,因此也不那么困难。

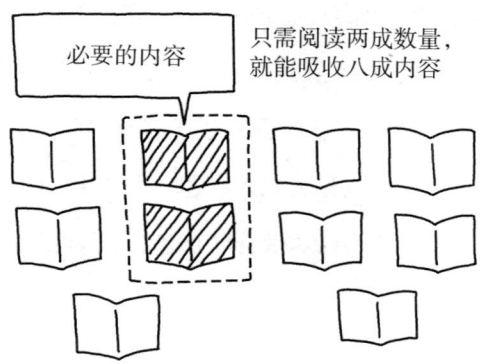

比如说,去服装店买衣服时,我们能立刻区分出与自己有关或无关的商品。

第4天 深化"自己的想法"的读书方法

虽然我们肯定是从很多候选的衣服中挑选自己最中意的一件,但其他的大部分商品本来就不在我们的选项之中。这几乎是下意识地、凭借直觉的行为。

如果认为这是"理所当然",那么一本书也同样如此。而且,遵循自己的标准就可以,就像选择适合自己的衣服一样,只选择对自己来说必要的部分就可以。

越是没有时间的人,就越需要取舍信息的能力。换句话说,就是必须知道"哪些知识、信息对自己来说是必要的"。明确这个问题,不管是谁都可以做到快速阅读。

特别是在众多出版社都在不断出版新书的情况下,基本上都适用于快速阅读。说起来,大多数书籍的目的都是为了人们能够在短时间内获取知识和信息,而不是注重丰富读者的精神世界。并且,这些书籍的水平和类别也多种多样。

建议首先从中选择一本能够为自己提供所需知识和信息的书,仅是重复这一过程,也非常能够锻炼对书籍的取舍能力。

但是,认为仅在网上检索就可以选择到自己需要的书是不可行的,说到底去书店仔细挑选才是第一步。

30分钟读完一本书

为锻炼快速阅读的技能,需要大量的练习。要领就是要把书

如何打造你的独特观点

"弄脏"。如前文所述，事先准备好三色圆珠笔和荧光笔来画线、圈出重点、写评语，手边没有准备记笔记的工具也无妨，可以在那些对于自己来说很重要的页码作标记，如将其下角折成一个三角形，然后将那些认为更重要的页码的上角折起来。

这样一来，应该就能够重点把握书中的内容。下次想重温时，直接重点阅读那些做过标记的部分，基本上就能够吸收全部重要信息了。

另外，加快这一过程的速度也非常重要。我经常要求学生"在一周之内读完 5 本书"，并且有一个附加条件就是一定要在大家面前发表一段书评。虽然这个要求对于那些平时不太读书的人来说很痛苦，但是反复操练之后就会适应。

但是，仅是这样还未结束。接下来就是适当交换各自带来的书，读 3 分钟后对书的主人说明书的内容。可能会觉得这个要求太强人所难，但重复这个过程就会意外地发现大家也都能够做到。由于是别人的书，所以前面提到的画线、折书角等可能不太适用，但阅读方法与前面提到的基本相同。一边大致浏览内容，一边寻找重要的部分，粗略地把握整本书的内容。

当然，不必仔细阅读书中的细节。但是，即使当初精读细节，一年以后能对其详细说明的人又有多少呢？大多数的内容还是会忘记吧，因此还是能够粗略地留下印象更好。

那样的话，不管是精读还是略读并没有什么不同。虽说也要因

第4天　深化"自己的想法"的读书方法

书而异，有些书粗略阅读就可以了。说"3分钟"可能有点极端，我建议"最长要在30分钟内读完"。

设置30分钟的时间限制，就必然要改变阅读方法。由于没有时间从头开始读，就必须粗略阅读并抓住重点。通过这样的训练，就能够掌握抓住书中重点内容的能力。

一本书中摘取三段文字

那么，让我们来详细探讨一下如何用30分钟读完一本书。

首先毫无疑问应该阅读的是目录。由于现在的书都有所改进，通过章节题目和小标题就可以大致知道内容。这些标题就像是俯瞰图，简明地罗列了要点。

手冢富雄先生在翻译尼采的《查拉图斯特拉如是说》时，为了让所有读者能快速了解这一章的内容，在每一章的前面都列出了本章概要。

手塚先生肯定也犹豫过是否要在尼采的这部代表作中加上整体说明的大纲。但最后，他还是优先考虑读者读起来是否方便。为了帮助更多的读者，可以说在书中加入概要是一个非常明智的决定。

正是因为在这个时代连古典书都有如此贴心的注解，那些有更广阔读者群的书就更应该意识到这一点。无论是何主题的书籍，都不应该以难以理解作为借口，不去改进而让人无法阅读。

阅读完目录后应该着手解决的问题就是"引用"。

大致浏览标题之后，找出自己认为的关键部分进行略读，然后脑中试想："假如要我为这本书写一篇推荐文章的话，我会选择哪一段文字呢？"并选择三段内容。这些内容可以登载在报纸上，或者作为封面上的推荐语。这样的话，阅读的意识就会应该完全改变。即使在很短的时间内，也能够做到深层次的阅读。

极端来说，仅列举这三段文字，就可以达到大致阅读完一本书的效果。不仅如此，也可以总结出自己独有的评论。

前面也提到，"自己的想法"并不等同于"完全是自己的语言"。选择、引用本身就是优秀思考的表现。联想到造型师的工作，也许更容易理解。

造型师的主要工作内容是挑选衣服，而非制作衣服。他们要综合考虑穿着的人和出席的场合来选择一件最适合的衣服。当然，在这个过程中，也会反映出个人的能力和审美。十个造型师就会有十种不同的搭配。

读书也同样如此。选择文字的过程，也需要大量的思考。并非说哪一段文字才是正解，而是选择时需要解读的能力和文章的鉴赏能力。乍一看好像很简单，但实际操作的过程是非常有难度的。

顺便想提的是，说起短时间阅读，有名的技巧是"速读技巧"。这种阅读是将视线从左上到右下在整页范围内匀速地快速浏览。相比于读书，这种感觉更接近于拍照片。

第 4 天　深化"自己的想法"的读书方法

另外,我所推荐的"快速阅读"就有所不同。"快速阅读"不是高速运转眼球,而是快速选择对自己来说重要的部分。重要的是,自始至终都要使自己"沉浸"其中,仅通过眼球"追逐"纸面上的字是无法培养独立思考习惯的。**这种感觉就像是边用探照灯照射着,然后细细品味突然出现的"猎物"。**

因此,被摘取的那一部分文字需要仔细斟酌。用准备好的三色圆珠笔画线,有时可以出声朗读来掌握其中的内容,应该根据这种方法选择文章并将其牢记在脑海中。虽然视线快速移动的训练像体育运动一样有趣,但是起码在"快速阅读"中是没有必要的。

小说的精妙之处在于"让心愉快地玩乐"

说起适合"慢阅读"的书,应该就是小说了吧。

比如说加西亚·马尔克斯的长篇小说《百年孤独》,讲述了一个村庄里生活了一百年的族民们的故事。但是,小说的故事开展并不像电视剧那样明快。简直就像在森林中彷徨徘徊一样,有着同样名字的出场人物重复着同样的动作。

在小说中,并不能找到"应该这样生活"的主张。出生在那个既没有宗教又没有法律的年代,人们在长达百年的时间里过着单调的生活,这给读者留下一种不可思议的印象。

虽然小说的内容可能有些极端,但是小说的魅力就在于将我们引入非日常的世界中。这种感觉就像刚好到国外旅行一样,整个人会焕然一新,或者就像刚刚看了黑帮电影之后感觉自己脚底生风、大步流星在街上走路。

当然,将读书作为一种娱乐也未尝不可,但读书的作用不仅如此。在读书的过程中,我们的心会随之摇摆和雀跃,这会让心更加柔软,并且对大脑的活动产生影响。

不管主张多么明确,思考得多么认真,仅做到这一步还不能出现好的想法,并且有可能被人认为是讲歪理又固执的人。对于一个想法,重要的是根据情况,拥有让内心自由翱翔的从容。

但是,仅仅让内心自由的话,头脑也不会运转。重要的是,一边持有自己的主张,一边放飞心灵,保持好两方面的平衡。**就像左手拿着包,空出右手,随处遇到的东西源源不断地装入包里。**

尤其是与职场人士交往时,如果平时将精力集中于工作,逻辑思考就容易变成习惯。只是在意"是否会成功?""获利还是受损?"这样的想法,这大概就是失去了"心理的从容悠闲"吧。

因此,有意识地用广角来审视人生全貌,更加深刻地看待事物是非常必要的。而小说,就是最方便的工具。

小说因价值观不同而有趣

太宰治的代表作中有一篇短篇小说《飨应夫人》,故事是关于

第4天 深化"自己的想法"的读书方法

一位自己明明已经疲惫不堪却还热情款待访客的夫人。客人们厚颜无耻地前来做客,夫人已经累得消瘦不堪还要努力招待。但是状况并没有得到好转,而是以满布阴云的结尾告终。

但是,在小说结尾,太宰治让故事的讲述者——一直服侍夫人的佣人说了下面的话:

> ……我对夫人无底线的优雅和体贴感到茫然,但与此同时,我生来第一次感受到人这种生物带有一种与其他生物完全不同的贵重的东西。

这种价值观在当前的商业社会中是无人认同的吧,所以才有阅读的价值。人们应该重新意识到,不能片面追求效率。

不止是《飨应夫人》,在太宰治的小说里面人物的生活方式,大多都与社会一般的价值观相背离。他们的内心经常摇摆不定,又会有不可名状的危险气息、让人无法相信的感觉,但也会让人不觉想到:世界之大,有各种各样的生活方式和想法。太宰治的小说有这样一种真实性和说服力。

阅读这样的小说,会感到自己的思考幅度在不断拓宽,并且会逐渐感到地位高低、收入多少、与人竞争等都毫无意义的。也就是说,拓宽了人生观的幅度,这就是文学的乐趣吧。

总体来看,越是"工作能力强的人"就越不认为"工作就是人生的全部",这是为了避免自己的视野变得过于狭窄,所以他们一直保持心灵上的悠闲,并将之引入工作。

这样的人虽不一定阅读小说,但是也有很大的可能是通过阅读才成长为"工作能力强的人"。而对于那些一直没怎么读过书的人,这种作用越是明显。

推理小说是特效药

外国推理小说即使很容易被认为娱乐性强,也能够培养思考能力。因为在一部作品当中,往往凝结了许多独特的想法。读者每次被作者精心布下的网和伏笔骗到的时候,就会觉得自己读后又变聪明了一点。如果"学习效果"起作用的话,读者一定会想"下次绝对不要掉进同样的陷阱"吧。

但是,推理小说也是一把双刃剑。为了休闲娱乐,喜欢推理小说的人就会只读推理小说,而不涉猎其他种类的书籍(包含小说在内)。好不容易习惯了阅读书籍,但只是局限于某一类别的话视野也不会变宽。这仿佛就像提起"游玩",就只会想到去迪士尼乐园一样。

但反过来说,即使是这样,也远比连迪士尼都不知道要强。平时,如果工作忙碌,人们感到疲惫就会想要休息。但是,更加忙碌的话,交感神经就会变得兴奋反而感受不到疲惫。

虽然这是一种心情不错的状态,但同时也十分危险。一旦在

第4天 深化"自己的想法"的读书方法

某个地方无法建立从交感神经到副交感神经的替换点,就会破坏精神层面的平衡,人就会产生失眠、没有食欲、身体会变冷等症状。

至少于我而言,推理小说是最适合的"特效药"。利用乘地铁这样的碎片时间稍作阅读的话,就会让我从现实中抽离并很快放松,就好像泡了个澡一样舒服畅快。如果有这样一瞬间,我就可以精神抖擞地回到现实生活中了。

比如说,《福利斯特探案集系列》(R·D·温菲尔德)的出场人物中,不管是谁都无法单独成长。该推理小说的主人公是一位待人冷淡、喜欢骚扰异性的中年大叔,以主人公为首的人们生活在一个平凡无奇的世界中。狭小的城镇接二连三地发生案件,这些案件非常棘手并且无法轻易解决。小说里就是反复叙述上述类似的情节。

但是,这就是这本小说的魅力之处。一旦触碰到这种强烈的世界观就会变得无法自拔。在推理小说的人气投票当中,这本小说名列前茅,受到如此热捧就说明它有让人点头称赞之处。

或者像杰弗里·迪弗的《圣诞礼物》那样的短篇小说也很有趣。这个作家虽以《人骨拼图》为首的《林肯·莱姆系列》而闻名,但是他的短篇小说同样短小精悍。一边阅读一边想着"最后的结果应该是这样吧",结果这种预想会被颠覆,就会被他的思考能力所折服。

唐纳德·维斯雷克的《多特蒙德系列》也充满了幽默感,会给

如何打造你的独特观点

读者带来无限乐趣。

不管是哪一部，推理小说的有趣之处就在于畅销作者敏锐的头脑。由于放松自己的大脑时也会时而感到惊讶，时而感到敬佩，在毫无防备的状态下受到一击，所以推理小说能够带来莫大的刺激。也正因如此，推理小说为读者重新定义什么是"聪明绝顶"。

阅读报纸，提高对社会的敏感度

可以为头脑汲取营养的对象不仅限于书籍，要说数量繁多且覆盖多个领域的素材，报纸也是个话题来源的宝库。如我们日常所见，因为电视和网络也可以阅读新闻，近来阅读报纸的人越来越少了。但是，是否有日常读报纸的习惯，两者却有很大差别。新闻不仅是第一手的信息，也会刊登个人采访和业界、学会的话题性信息。同时也会有很多对案件、事故的深入报道。

将这些信息储备在大脑里，对于相关的情报也能做出快速反应。再通过与古书典籍的结合，就能感知历史的潮流，会拓宽"经历"的幅度。

因此，我曾强制要求学生阅读报纸，并让他们"制作简报"，将感兴趣的新闻报道剪下来贴在笔记本上，然后在旁边写上要点和评论。这一目的并非为了将一个个的报道粘贴、整理在一个本子上，而是要通过结合两个以上积累的新闻，提出自己的观点。

第 4 天 深化"自己的想法"的读书方法

仅仅通过模糊不清的记忆和一知半解的知识无法完成这一过程,它是一项需要大量动脑的作业。所以必须认真阅读报道,留心调查相关信息。因此,每天的新闻都是绝佳的素材。实际上,如果能坚持摘录评论新闻,仅仅两周左右过后,学生的态度就会发生很大改变,他们既能养成阅读新闻的习惯,又能提高对社会的关心程度。

事实上,这也就增加了获取信息的渠道,它是现代社会中培养独立思考能力过程中不可或缺的前提条件。

相比网络,杂志更能高效地收集信息

提及收集信息,杂志也是我们可以利用的工具。因为获得的信息的精准度越高,性价比也就越高。当今网络充斥着各种信息,但杂志上的报道更加费时费力,从最初就能够形成话题。

月刊杂志里面经常出现的长篇采访往往蕴含着大量的信息,无数的专业性杂志会告诉我们世界的宽广和奥妙。并且,说到底杂志是商品,所以相比网络信息也具有更高的可信性。如果考虑到仔细搜寻并整理这些信息所付出的精力,杂志的费用也不便宜。

虽然停刊、休刊的杂志相继出现,让最近杂志的销路变得不甚明朗,但这些价值应该重新被评估。

如果去书店或便利店,我也一定会驻足在杂志陈列架那里,定

如何打造你的独特观点

期翻阅自己喜欢的杂志，或者也会随意翻看放在图书馆和理发店里面的杂志。此外，人们会毫不犹豫地购买那些刊登了有意思的专题的杂志。这是保证自己获取信息渠道的方法之一。

无论是报纸还是杂志，我特别希望大家要着眼于"个人修养"。由于网络信息好坏掺杂，后续影响就是最近在重新审视修养和素养的问题。**也就是说，理解事物的本质，辨别整理泛滥信息的知识能力是非常重要的。**

比如，每年到年末颁发诺贝尔奖时，相关报道会铺天盖地。甚至在物理学奖和化学奖这样复杂的领域，也经常会出现解说详尽的文章。

阅读这样的报道并把握概要，别人会感到又重新认识了你。另外，当有机会可以向别人讲述这篇报道时，就会给人以"有知识底蕴"的印象。

据说 NHK 电视台的打捞大王乌贼特别节目《世界首次拍摄——深海的巨大乌贼》收视率非常高，在那之后从大王乌贼的受欢迎程度来看，节目获得了观众们的肯定。长久以来被认为是"学习能力低下""目光短浅"的日本人又重新激起了求知欲。

这样一来，从这样的节目中撷取几个小话题，如果能够在适当的场合下讲述出来，很有可能会激起听者的好奇心。虽然是临时掌握的知识，但也会被别人认为知识视野宽阔。

无论是诺贝尔还是大王乌贼又或是艺人，都有可聊的内容，这样的人在当今时代一定会被认为是"有自我意识和见解"的人。

如果自己是杂志编辑

现代人所谋求的是编辑能力。如果陷入某一种思想当中，就等同于失去自我。比如仅读了《资本论》之后就变得醉心于马克思主义。

或者说，百分百用自己的语言来思考、写文章也十分困难，恐怕即便是尼采也难以做到。有了古希腊的悲剧、歌德、叔本华，才出现了尼采的思想。

我们需要思考如何取舍和判断外界流传的信息，如何组合、变换并将之确立为自己的小话题，这正是"编辑能力"。

我有一个关于思考实验的提案：假如自己变成了杂志的编辑，请尝试思考将会制作一个什么样的版面。

将自己从网络、书籍、新闻、杂志以及朋友处得到的各种信息组合起来，将会编成一本什么样的杂志特辑呢？如何展现自己的特色呢？将会发表什么样的评论呢？会出版周刊、月刊还是双周刊呢？尝试思考这些事情也是非常有趣的。这些内容不同，"编辑方针"也应该完全不同。

如此一来，使用电脑实际操作起来也会变得很容易，或者仅通过制作目录，就能够对整本杂志形成大致印象。那么，一本有趣的杂志就完工了。

区分这本杂志优劣的标准是"概念"，单单罗列有趣的信息不能成为畅销杂志。在信息背后，贯彻全部内容的主张和观点是一本杂志的基础，也正是在此才能反映出"自己的想法"。

那么，究竟要怎样确立观点呢？

最简单的方法就是着眼于语言。从各种各样的信息中选取引人注目的、有趣的语言，经过不断收集这些词语，就会逐渐浮现出"自己的思考"。

这样的语言，即便想记也不可能全部记住，所以建议大家不管有多麻烦，只要遇到这样的语言，就记录在记事本、手机或电脑里面，复印或粘贴在一些东西上面。

从报道当中收集的原本就是别人发表的言论，但**由于选择语言的是自己，从积累中也要看到自己的影子**。并且，从这些语言中选取2~3个组成一个小话题的话，就会完全变成原创了。

这样想来，难道不会觉得形成"自己的想法"也变得格外简单了吗？如果一开始自己的目标就是原创的话，那不管怎样内容都很单薄；如果仅是收集信息，又会缺乏原创性。只有两者相结合才能达到事半功倍的效果，展现自己独一无二的视点。

第5天

加速决断的思考方法
改变"现实"的力量

所有职场人士都不可欠缺的"决断力"

思考的最高水平就是做出决断后付诸行动。根据做出的决断不同，后续的情况可能会产生很大变化。很多情况下，一旦做出决定就无法挽回。反过来说，对现实没有带来改变的思考也是无意义的。

比如说，一旦进入大学的某个系、某个专业之后就很难改变了；一旦决定结婚，再想离婚也很费时费力。这样看来，做决定是需要勇气的。

因此，做决定之前必须要经过仔细斟酌。哲学家笛卡尔曾经建议过"要思考彻底才不会后悔"，表达的就是这个意思。

每当我有重要的事需要决断时，就会在纸上列出所有要素。 在此基础上做好决定之后，认真思考最坏的结果是什么，然后做出最终决定。这样的做法不常出错，即便出错，也在预想范围之内，我也不会后悔。

况且如果是企业经营者，那每天都会有接连不断的事需要决断。做决定时不出错的人，一定能够称得上是优秀的经营者。

丰田汽车的总经理丰田章男在2009年任职不久，就从分公司提拔了六名副总经理，这在当时引起热议。当时丰田总经理给出如下解释：

> 现在的副总经理们都是有分公司总经理经验的人（副总经理小泽哲除外），他们都是一些能够做决断的人。副总经理的工作职责是代理总经理，不能够做决断的人则无法胜任这一工作。

对于大型企业的领导，做出正确决断是他们的重要职责。但即使是领导，也希望下属同样能具备做决断的能力，而他们的下属有相同的期待。这一点不管在什么样的企业都是共通的。

也就是说，决断力是所有的职员都必须拥有的能力。当今时代，如果还是奉行"遵循领导的话就可以"这样唯命是从的信条是无法生存的。不管什么职位，都必须有做决断的心理准备。

当然，决断还伴随着孤独和责任。有时还可能遭到批判，甚至失去现在的地位。但如果能够克服并超越这一步的话，就可以说"拥有了决断能力"。

与人交谈，整理论点

那么，如何培养决断力呢？

第5天 加速决断的思考方法

基本上就像清算收支那样,列出所有积极和消极的方面,然后逐个验证。应该思考这份挑战里面存在的利弊,特别涉及到风险时,是否允许风险存在是一个重要的判断材料。

还有一个非常有效的方法就是与别人谈话。"有这些好处,缺点的话是这些,最糟糕的情况可能会发生这种事情,我个人认为重点应该是什么",尝试将这些问题说出来,在头脑中整理,那么应该怎么做决定也会变得更为容易。

虽说商量的对象越有经验越好,但并不一定是熟悉这个领域的人。极端来说,只要能认真倾听我们所说的话,对方是谁都无关紧要,因为说到底整理出自己头脑中的思路才是目的。

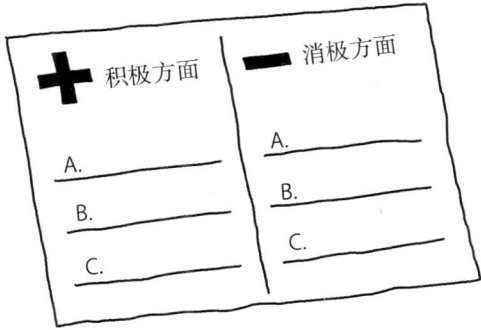

从这个意义来说,这不是普通的交流,而是所谓的"自己与自己对话"。如果想象成是面向佛龛说话,应该会更容易理解。

反过来说,有时候谈话对象的最佳选择需要拥有佛祖那样宽广的心胸,所以在日常生活中寻找这样的人比较好。因此,自己作为倾听者时，也要时刻牢记要扮演佛祖的角色。谈话的对象即便是自己的孩子也可以，如果内容涉及精神层面的问题就另当别论，除此之外即使是比较大的问题也没关系，都可以让孩子作为我们交流的对象。

我在此前很多次做重大决定的时候都询问了孩子的意见。比如说我写的书有几个备选的标题，我会问："你觉得哪个标题比较好？"

既然是在咨询孩子，需要将书的概要、读者群体以及详细内容告诉给对方。在这个过程中，我也能够返回到企划的原点去思考问题。

另外，有时候孩子会以一种不甚了解的状态回答我。根据他提出来的点滴意见，我经常会感到："这样说来也的确如此"。孩子的意见经常会推进我做决定的进程。

直面消极想法

"压力"可以说是做决定时的一大障碍。心理上的负担经常会让思考变得迟钝，让人难以做出判断。

虽然完全摆脱压力很难，但借助思考方法也能有所减轻。我有时会自我安慰道："不管怎么样，又不会要了我的命。"

当然，世间也确实存在一步之差就意味着丧命的危险工作。但在大多数工作场合下，不管是怎样的失误都不会达到"处死"的地步。这样一想，心里的压力就会小一些。

事实上，只要是见过一次"地狱"的人，精神都会很顽强。名列日本柔道金牌榜的野村忠宏在雅典奥运会上取得三连冠之前，我有幸对他做了一次采访。

让我意外的是，他跟我说"我在比赛之前想了所有消极事情"。他不仅在心中预测了"我对这里有点担心""可能发生这样的事情"等负面情景，甚至回忆起了"我在小学的时候甚至输给过女孩子"。也就是说，他直接面对了心中的恐惧。

但是，如果将这些负面的想法一吐为快，反而能找回轻松积极的状态。而一旦将这些负面情绪堆积起来，充满自信地暗示自己"金牌非我莫属"的话，就真的成为只追求胜利的赌徒了。

正是因为他获得了三块金牌，才让这个故事变得有说服力。

在雅典奥运会当中，也会有想要"展示最好的一面""非胜不可"的运动员。虽说这也是思考方式的一种，但是直面并克服自己的恐惧心理，告诉自己"最后还是我最强"，这反而才是真正的运动员精神吧。

我们也可以参考这种想法。不管是谁，内心都应该是藏有恐惧的。当恐惧过于强烈时，就会转变为压力，容易让我们的思维变得迟钝。

此时，用无形的盖子加以掩饰虽然是一种方法，但反过来，直面全部的恐惧可能会有更好的结果。这是因为真切看清恐怖的程度，人们反而会感到安心。

为了锻炼决断力，要确保"口分田"[①]

曾经的日本社会，在某种意义上是一个压力很小的社会。既有精英保持稳定的发展道路，并且有护送船队的方式[②]保障不会出现"落后"的企业。大多数日本人自己不用做什么重大决定，只要跟着政府走，也能生活得平安无事。

但是近些年，这项制度已经崩溃，所以人们不得不在这个快节奏的社会中展开竞争。各个企业在脱离国家的保护之后，必须绞尽脑汁钻研经营策略。

其中很重要的一项就是企业为应对快速发展，需要对所有的事情做出判断。比如，我听说"王将饺子"这家店，各店的店长可以决定套餐以外的菜单。如果是全国连锁店，只要菜单统一便可，但是由于各地特色不一，所以在一定程度上需要店长因地制宜，灵活判断。虽然责任重大，但是也会萌生作为店长的自觉。

再如，日本大型连锁折扣店"堂吉诃德"的店长也会暗地调查竞争对手的商品价格，然后再略微降低店里的价格，并打出

---

① 日本律令制下根据《班田法》分配给年满六岁以上的男女田地。——译者注
② 战后日本的金融政策，统一弱小金融机构的步伐，避免过度竞争，实质地保障全体金融机构的存续和利益。——译者注

第5天　加速决断的思考方法

"该地区最便宜"的旗号。由于店长需要决定商品的价格，所以责任重大。

但是，将权限和责任移交给别人才是锻炼决断力的关键。虽说突然将所有权限都转交给别人有一定的危险，但逐渐放权的话就完全可行，甚至没有比这更好的培训教育过程。

我并非想让大家照搬企业的这种处理方式，但是也为学生准备了课题，让他们理解"决断力为何物"。学生们仅通过在课堂或研讨会上的讨论，或阅读有难度的书籍，是无法获得发展和进步的。因为说到底我才是课堂或研讨会的负责人，事事由我指挥的话，学生无法成为真正意义上的参与者，只要没有责任，人就不会有动力去认真思考。

因此我会定期让学生们在一所与我有合作关系的中学实习，让他们上课并考虑与孩子们的游戏清单。在这种情况下，他们成为了责任者，因此就会变得认真思考并做详细的准备。实地教育结束后返回学校，这些学生变成和之前完全不同的"大人"。

简而言之，这就是"要有自己的'口分田'"。得到一定的田地，播种和收获全由自己负责的话，每个人都必然会独立思考并做出决定。

换句话说，就是组织应考虑怎样将"口分田"给予有希望的年轻人，还是思考个人要如何获得"口分田"。当然，不能胡乱分配"口分田"，在评估个人的能力和风险之后，才可以分配。弄清这一条件，自然而然就能够锻炼决断力了。

如何打造你的独特观点

跟随"优秀"的人

在掌握决断力要领的过程中,"模仿"和"学习"必不可少。这与大多数的技艺相同。

前几天,我从一个电视台的导演那里再次听到了我本就深信不疑的话。在电视节目中,有为导演做辅助工作的副导演。基本上,他们都要成为导演,实际上他们就是跟随导演,记住明确工作内容。

但是,副导演也是为预防人手不足而准备的。比如说可能会出现 5 个导演同时需要帮忙的情况,这样一来副导演就会忙得团团转。由于跟每一个导演的交流和联系都会比较少,以至于副导演总是做一些杂活儿。当然,这些工作在导演看来并不重要。也就是说,作为副导演,无论经过多久时间,都无法了解和记住那些重要的工作。即使是电视局,这也是效率低下的做法。要说处理杂事,兼职的人就已足够。所以据说电视局不再雇佣副导演,而转为招聘兼职人员。但是这种做法的弊端就是会无法培育出未来的导演。

那么理想的状态就应该是一名优秀的导演固定培养一名副导演,让副导演能够有始有终地学习知识,支持导演的工作。关于电视制作的问题和应对各种方面的决定,都并非一朝一夕就能够掌握。那应该怎么办呢?考虑到预算问题,电视局苦恼于如何改善这种现状。

第5天　加速决断的思考方法

仔细想来，这个问题存在于各行各业。如果能有机会跟随优秀的人认真学习，一定能学到很多东西。不仅限于知识和技术层面，精神世界应该也能得到大幅提升。

即使是在现实的政治世界中，也有很多政治家都曾是其他政治家的秘书身份。这可能是一条非常正常而合适的路线：秘书经常陪同在政治家旁边，能够看到政治家的全部工作，如果能做好秘书的工作，那一定会了解一名真正的政治家该具有的态度。大概也有人为了成为政治家而选择从秘书做起吧。

即使是普通职员，如果有机会能够看到优秀的人的工作状态，一定要尽力学习。纵然付出与报酬不成比例，但如果从掌握知识的价值来考虑，也一定会是盈利的。

一般越是优秀的人工作就越是细致、严谨。正因如此，向他们学习绝非易事。而如果将之看成是充实自我的阶段，一定会对自己的将来大有裨益。

当事人意识能活跃大脑

跟随一个人学习本领是很久以前就存在的师徒制度。这种制度在落语[①]和能乐[②]中最为典型。一入师门便不能再改变。据说，那

[①] 落语是日本的传统曲艺形式之一，和中国的传统单口相声相似。——编者注
[②] 最具有代表性的日本传统艺术形式之一。——编者注

时候甚至连"我觉得别的师父更适合我"的想法都不能有。一师一徒，师父将毕生所学倾囊相授，这就是师徒制度。

比如说，根据立川谈志先生的弟子立川谈春先生的著作《红鳉鱼》记载，立川谈志先生经常不按套路出牌，临场发挥，给弟子出一些难题，弟子们好像每天被师父耍得团团转。即使这样，弟子们也还是会追随着师父。当然，谈志先生的人格魅力自然是一个重要原因，除此之外，一旦入师门，就要对师父以师礼相待，也是理所当然的事。

可能这种师徒制度已经落后于时代的潮流，但是在培育人才方面却也有着很大的优势。事实上，有的公司会将一个老手和一个新手搭配起来，让老手把技术和其他的东西全部教给新手，也就是说，引入了"公司师徒制度"。

在这种工作关系中，不仅能够掌握工作要领，更重要的是能够产生自己也参与到其中的"当事人意识"。如果能亲眼所见一流的工作状态和精神，新手也自然能够有所领悟和理解，脑中就会冒出"我也想参与到这件事情中来""想成为优秀的员工"这样的想法。

再回到前面所举的电视局副导演的例子来说，是否具有当事人意识的两种人会有很大差别。前者的目标是将来成为导演，并为之努力学习，而后者仅是业余打工。

从指导他们的导演的角度来看，后者也无法成为被培养的对象。他们往往没有工作热情，并且小错不断，行动缓慢。甚至有些副导演的工作导演还要亲自动手,并照顾副导演。据说他们不能被称为"副导演",只能称为"碍手碍脚导演"。

为了不成为剧组里碍手碍脚的角色,希望大家无论如何要首先拜师学习知识。意识发生了改变的话,头脑也会活跃起来。

"思考"有两种

不久之前,一本名为《思考,快与慢》(丹尼尔·卡尼曼)的书曾引起热议。这本书的作者认为,人类的决断力分为凭直觉行事和经过深思熟虑之后再行动两种。

仔细想来确实如此。我们暂且不论有没有意识到这一点,都应该区分使用这两者。因此,要通过有意识地将这两种类型作为技术掌握,来提高思考能力和水平。也就是说,将"思考"分为两种,在锻炼直觉的同时,也要锻炼验证能力。

接下来,我将详细介绍这两种思考方法。

首先,源于直觉的"第一反应"就是指"虽然说不清缘由,但就是觉得这样合适"的瞬间决断能力。特别是对于像企业经营者那样需要有决断力的人来说,如果没有准确的"第一反应"就无法工作。因为这些人需要处理众多事务,并没有深入思考每一件事务的时间。

以前,在一个关于"电影导演就是需要不断做决定的"电视节目中,我有幸对电影导演周防正行先生进行了采访。

许多工作人员会询问导演:"服装这样可以吗?""摄像这样可以吗?""天气可以吗?""演技可以吗?"作为导演,必须在一瞬间做出决定。因为只要有丝毫犹豫,整个剧组的相关工作就会全部停止。就好像马上要摄像之前,却没有决定好要拍什么样的场景,这是无论如何都没办法应对的。

换言之,能够快速决断的人,一定拥有丰富的经验和组织能力,并且有自己的风格。知名导演小津安二郎曾说过"因为我是卖豆腐的,所以我只能做豆腐"。在选取摄像的角度和台词的空闲,比照自己的审美做出判断。

"第一反应"源自经验

锻炼这种思考能力的最好方法是参与到一个自己需要承担责任的情境中。比如,棒球教练王贞治在结束职业棒球选手生涯之后,去藤田元司教练手下担任副教练。但是他本人却说:"这种经历一点都不好。"并非学不到东西,而是这个职位与教练不同,不需要做出任何决断。从积累经验这个意义上来说,他还不够满意。

所以他说:"还是做个替补队员的教练比较好。"虽说地位比不上主力队员的教练,但一定会有做决断的机会。虽然棒球专业领域是怎么样的我们不得而知,但这种心情大抵能明白一二。

据我的一个在大型企业负责招聘工作的朋友说,社会招聘的时候，企业重视的是"这个人的决断能力如何"。即使是小企业，有决断经历的人也会很有竞争力。反过来说，即使出身大企业，如果只是长年累月地做一些执行工作，那也没什么竞争力。毋庸置疑企业会选择前者。

学生之间有无经验的差别也会如实反映出来。比如说在明治大学里有一个全国有名的曼陀铃俱乐部，由古贺政男创立。这个俱乐部已经超出爱好者俱乐部的范畴，而达到带领"古贺政男旋律"展开全国巡演的高度。

俱乐部负责人的位置接近于活动承办人。担任这个职务的学生与其他学生相比具有压倒性的管理能力，也更擅长决断，这样的人在就职活动中也非常抢手。

当然，决断力并不是与生俱来的。经历一些不得不做决断并反复斟酌的状况时，偶尔也会遭遇失败。但是在这个过程中，就会逐渐掌握"这种情况下应该这么做"的决断能力，所以决断速度也会加快。这才是一个人的财富。

增加"预想情况"

另外，慢思考承担着检验快思考正确与否的职责，也就是用理论检验直觉的过程。

这个过程所需要的是通过听取多数人的意见，尝试做市场调查以及在纸上列出条件，来获得多元化视角。当然，这个过程需要花费一定的时间。

优秀的企业家们在凭直觉对某个提案得出结论之后，也会暂时保留意见，不做出任何决定。确实，不能一概而论所有的"第一反应"总能做出优秀的决断。而企业家们应该掌控的过程是等待决断变得纯熟并产生深远的意义。

在会议或者邮件中受到某些请求时，当场轻易答应，很多时候事后会后悔。虽然速度很重要，但仅限于对"第一反应"很有信心的场合。如果不是信心十足，就一定先要向别人确认了解，即便稍微耽搁了也无妨碍。这就是"慢思考"的职责。

慢思考的目标是验证所有的提案，增加"预想情况"。这个过程既需要时间，又需要想象力。但如果能这样做，就会增加对于决断的自信，心情上也会非常享受。

曾经，堀江贵文先生因收购富士电视台等问题而备受舆论关注时，口头禅似的自然地说"在预料范围内"。这样说可能多少有些逞强的意思，但无论面对什么状况都面不改色的姿态还是值得称赞的。

事实上，很多情况下都是要有所设想后再进行挑战。会竭尽全力做出判断的人才具有"强大力量"，而在此过程中他们要一边承受批评，一边广受年轻群众的绝对支持。不仅是堀江先生，今后，还需要更多的人拥有野性智慧，并且有能力在自己做出判断之后去

第5天 加速决断的思考方法

开拓道路。如果一个团体只是一味地遵循他人的判断，那么这样的集体就会太过虚弱。

不观察前后环境就做出莽撞冒失的行动，只能说是有勇无谋。但是，如果在多方预判的基础上再采取行动，就不会轻易失败。假如确实遭遇了困难和挫折，也能够做到在预想范围内坚定意志不动摇。

但是，只是一味地检验而第一反应迟钝也是不行的，最重要的是保持两者平衡。理想状态应该是牢牢掌握直觉和检验两种技能的本质，就像自如地使用我们的左右手一样。

本来，这两方面就是在义务教育阶段能够掌握的内容。比如说中学的数学课中有证明题，这类题目的要领就是凭直觉找到方向，然后再实际证明并解答。

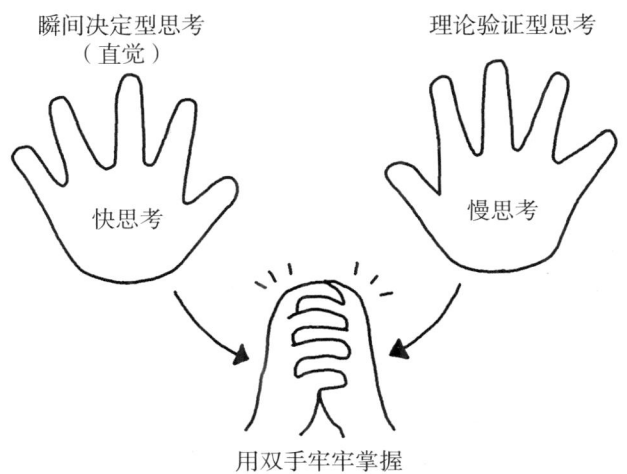

也就是说,"快思考"的要素里面也包含"慢思考"。同时掌握这两种必要的思考方式,数学就是最合适的教材。

但在现实生活中,这只能作为数学的一种解题思路与技巧来掌握。

在语文课中,第一次粗略地阅读和再次仔细阅读一部小说产生的印象完全不同。通过这两种方式阅读过一部小说之后,就能对第一次阅读的小说产生更为深刻的理解。这也可以作为一种教授"快阅读"和"慢阅读"的方法。

从概念上来说,就是先依靠直觉阅读整体,再验证性地仔细阅读。这就是将"快阅读"比作右手,"慢阅读"比作左手,如果在学生小学一年级刚入学时,就教授**"要用双手牢牢掌握"**,那么他们一定能够明白思考到底是什么了。这样的话,现代人的思考能力一定会大有改观。

决定待完成事项的优先顺序

在有限的时间里,有无数必须要做的事。我们大多数人都要面对这样的苦恼。即便罗列出"清单",从头开始按照顺序进行的话,多数情况下都会没有时间来得及做后面的事情,这样的话极有可能会错过一些非常重要的事情。

为避免这种这种情况发生,决断能力就尤为重要。在列出清单

第5天 加速决断的思考方法

之后,从中选出三项应该优先完成的事情,然后再从这三项中选出一件一定要第一个完成的事。每天重复这一过程,既不会留下很重要的事情没有完成,并且又能够锻炼决断能力。

然而,清单内容不一定是大事,也可包含类似于"发邮件""回电话"这样的琐事。虽然这一类事不是很重要,但很快就能完成的事情也可以选择优先完成。不管怎样安排,把这当作是一种训练,并且自己做出决定,张弛有度才最重要。

为事情安排优先顺序也能消解每天的压力。因为如果每天都迷迷糊糊地想着"今天又有忙不完的事情要做"的话,心情就会焦虑。**将这些工作列为清单,决定好"今天如果只重点做一件事"或者"今天做前三个最重要的事情"**的话,心情就会变得非常轻松并且愉快。

但是,并非说单纯地将事情的重要程度决定好就大功告成了,随机应变也非常重要。前面说过的丹尼尔·卡尼曼的一本著作《有限理性的图谱:迈向行为经济学的心理学》就提出过"忽视状态,集中注意变化"。

根据状况的变化,也应该相应地改变待完成事项的顺序。经常留心情况改变,并随之调整事情的重要程度也是非常有必要的,这也是决断能力的体现。

我经常在日程表上把待完成事项的前面添加一个小方框。绝对要做的事画上红色,有时间就做的事画上绿色。在这些重要程度以

如何打造你的独特观点

下的事，就用自动铅笔标注，以便随时擦掉。当然，根据情况的变化可能需要改变优先顺序，所以要时刻留心情况的变化，做好随机应变的准备。

说起来，最近的文具也在不断进化，现在还会有在三色圆珠笔上附带自动铅笔这样的杰出发明。我非常感激能够生活在这样一个充满巧妙发明的时代里面，我们应该灵活使用这些发明。

会议发言要控制在十秒以内

我希望大家把这种为待完成事项安排优先顺序的想法也应用到会议当中。不管会议中需要讨论多少议题，要决定首先讨论处理哪一个。如果仅是报告或者说明的话，可以在会议之后以发邮件或者分发纸质文件的形式处理。因为要为会议空出时间，这对于个人的计划安排十分重要。

在会议中需要考虑每个人发言的时长。极端来说，安排"一人每次十秒"就好。相关责任人要携带秒表控制好时间。这样的话，就会迫使每个人只讲要点，可以调动每个人自觉地首先说明更为重要的事情。

这也是我个人的经验之谈。在电视节目里，经常只有十秒的时间来做评论。那种情况下，如果条理不清地表达很多要素的话，时间很快就会用完。基于这一情况，就可以将发言风格变成这样：发言开始就先传达最重要的要素或关键词，时间富裕的话再进行补充。

只要加以训练，每个人都可以做到。因为十秒钟"转瞬即逝"，刚开始大家可能会很着急，无法顺利完成。但只要勤加练习，就能够合理安排优先顺序。会逐渐发现，即便只有十秒钟的时间，也可以有条不紊地传达重要的信息。我之所以如此有信心，就是因为我的学生在持续练习之后，达到了满意的效果。

积极参加会议的"三要素"

参加会议或者商谈的话有三点要素必不可少，即**"数据""视角"和"想法"**。在即将进入讨论时，我建议大家像检查"必备物品"一样，确认是否已经准备好这三点。

其中尤为重要的是**"数据"**。脱离事实的讨论是无意义的，想象不能成为论据。

如果对某一观点持全盘肯定或者全盘否定的两拨人进行讨论，是无法达成共识的。到最后双方可能都会变得不是以理服人，而演变为人身攻击。这样的场景难道不是经常在网络上出现吗？

讨论的前提是"同一个主题"。

更加有说服力的应该是数字。比如，提到酒驾事故，我们都会觉得虽说从很久以前就在呼吁禁止酒驾，但还是有很多由于酒驾引起的交通事故。因此，引用数字表达就会更有说服力。比如：实际事故发生次数自最高峰的2000年以来有所减少，以2013年为例，当年酒驾事故约为2000年的六成，大约有4000起事故。虽然还是不少，但也足见严惩的效果。

除了数字之外，有"切身感受"的数据也具有说服力。小学的老师如果说"现在的小学生……"的话基本上不会有错，因为他们每天都在与小学生相处，所以应该对小学生的状况非常清楚。

由于我教过的很多学生都成为了初中、高中的老师，所以我大概也清楚现在的初中生、高中生在想什么。而且，每年做10场面向1000名左右高中生的演讲，就相当与10000名高中生有直接的接触。这样就能够获得真实的第一手资料。

再比如，近来有很多"拉面评论家"活跃在在日本的电视银屏中。他们不仅喜欢吃拉面，更品尝过大量的拉面。并且，这些人可能也有自己的分析和评价标准。这些分析和标准即便无法用数字量化，他们自身的大脑和舌头也能存储下这些数据。所以说，这些评论家的发言非常有说服力，大家都愿意相信。

相反，我们会经常看到一些人仅仅抓住表象或是以一些突发的事故为论据来信口发表评论，如"所以说现在的高中生……""这个拉面不好吃"。这些不都是立足于数据的意见，有很大一部分来源于自己的想象和观念，这是毫无讨论价值的。

从这一点来说，现在的网络上，既有人自以为是地互相争论，也有人引用庞大且详细的数据。相比之下，后者的使用方法较为妥当，

第 5 天　加速决断的思考方法

希望能够将"基于数字做讨论"作为一种良好习惯而稳定下来。

各自提出具体的"想法"

当然，数据无法保证永远正确。合理的数据之间也可能会互相矛盾，对于同一个数据也会有不同的解释。我们应该各自提出数据，不该回避有关数据解释的争论。因为这有可能起到辅助性的作用，得出建设性的结论。

接下来第二重要的是"**视角**"。应该展示自己是以怎样的角度来看待对象和数据的。这不仅能够正当地表达自己主张的，更重要的是能够从对方的角度进行观察。

这样一来，可能既会有一些新发现，又可能发现双方的共同点和协调点。即使对方与自己见解相异，也能够有互相沟通的机会，也就是说可以考虑互相接近和让步。

另外还有一个需要事先准备好的就是"**想法**"。即便双方有共同的问题意识，如果没有"那接下来该怎么办呢"这种想法，讨论也无法继续进行。只有通过互相提醒、互相修正、逐渐积累才可能形成一个具有建设性意义的讨论。

要点在于有具体的事实论据。纸上谈兵或虚构夸张，这一类的论据没有意义。所以，正确的"数据"和"视角"作为前提必不可少。

如果能够做到引用"数据"、展现"视角"并提出"想法"这三点的话，不论会议的结果如何，别人一定会认为你是一个有"自己的想法"的人。这样一来，在今后的会议中，就会获得越来越多的发言权。

汤川博士为什么要持续思考？

虽说做决定是一瞬间就可以完成的事，要达到这种程度还需要有相应思考的积累。换句话说，在掌握"思考能力"时，必不可少的就是"持续思考的能力"。

当面对某一问题时，大家都会想要"找到解决方法"吧。但是，一旦无法轻易解决这个问题的话，人们就很容易想要中途放弃。当然，此时选择"放弃"还是坚持"继续思考"，对之后的思考和结果也会产生完全不同的影响。

话虽如此，但是继续思考难题势必会十分艰辛。那么，那些选择继续思考的前人们是如何坚持下来的呢？这样说可能有些理想主义，但是他们的原动力之一恐怕就是**"想要追求真理"这一根本性的欲望**。

诺贝尔物理学奖获得者汤川秀树博士有一本描述自己前半生的著作《旅人：一个物理学家的会议》，在这本书中，有一章节讲述了自己年轻时候坦率干脆地回绝了国外留学的故事。

不知为何，如果没有完成一件自己的工作，我不想出国。

我想确定自己研究的主题。并且，希望凭借自己的力量，努力到极限，不管经历多少失败也无所谓。如果能够获得成功，再与国外的学者交流。

……我将全部的智、情、意毫无保留地投入研究中。如果有想要半途而废的心思，那么研究是全然无法继续下去的，我就会变成一个无用之人。

正是因为有了这样的干劲，即便经过无数次反复提出假设再否定，继续假设再否定的过程，汤川博士依然能够持续思考。这不是一般的计算，而是朝向更深层次前进和努力。

即使是达·芬奇，在他才华的原点也是"想要发现终极之美"。达·芬奇有大量的作品传世不在于他偶尔学习了素描，而在于他一直秉持"想要描绘更美的事物，探究生命根源"的意识，由此他养成了透彻地观察事物的习惯。

不仅是汤川博士和达·芬奇，几乎所有功成名就、名垂青史的人都拥有"持续思考能力"。这并非出于义务感或是虚荣心，而是因为存在着一种更为崇高的动力。

我们也应该将这种动力铭记于心，每天都必须持续思考。

持续思考的能量根源

宫泽贤治也是一位一直都在持续思考的人。这一点从他具有压倒性优势的大量原创作品中也能感受一二。他的创造性超越了时代，从年幼到年老的学生无不受他影响。这也是只有"持续思考的能力"才能做到的。

宫泽喜欢诵经，他经常带着弟子去攀登附近的岩手山，彻夜诵经。弟子们关于"老师诵经的声音很好听"的评论也流传至今。

佛祖教导说："这是一个充满爱的世界。"诵经对他来说，就是确认佛祖这一教诲。在黎明前的岩手山上看到晨露之美，心生感动，并将此融入童话中的故事，也就是将佛教的教诲当作精神支撑，把它当作支撑生命的力量。

原本佛教的创始人释迦牟尼所倡导的，是像地下的河流那样深远广大的思想。

宫泽将之深入到自己的身体感觉中，全身心地钻研表现这种思想的方法。如果直接表现为佛教教义本身，可能充满说教意味，引人反感；可是如果能够结合自身将教义过滤一下，那么不管是谁都能够找到适合自己的教义，并创造出意义深远的故事。

这可以说是从佛教这一"地下河"通过水井汲水上来的过程，所以永远不会干涸，可以常保湿润。这就是持续思考的能量来源。

宫泽著有一部名为《古斯柯布多力传记》的童话，这是他的代表作之一。童话中讲述了主人公为挽救森林免受冻害，而牺牲自我让火山喷发的故事。贯穿全文的思想是"人必须长存善心"，很明显这也是宫泽自身的思想主题。正因为"善为何物"是一个根本性

第 5 天　加速决断的思考方法

的问题，他才能够贯彻一生思考它吧。

反过来说，我们在每天匆忙的生活中，可能首先必须尽全力思考眼前所面临问题的对策。但是，如果只是这样，我们最后会变得十分疲累。如果说"探究真理"可能稍有夸大，那么可以有时间思考"我的理想是什么？""不是为公司而是为社会能做点什么？"这种问题，就会变得十分有意义。

正是因为我们展望的是最高级别的问题，所以才能给我们源源不断的持续思考的能量。

本书的目标是教给大家在 5 天之内形成"自己的想法"。如果能够详细阅读这本书，应该可以注意到与五天之前相比，自己有了脱胎换骨的变化吧。

但是，到这里还没有结束，灵活运用本书的技能，能够持续思考才是关键。由此看来，这需要我们从此时此刻开始。

后记

形成"自己的想法",为什么需要"5 天"呢?

这是因为要通过集中处理问题来深刻掌握思考能力。

我经常会在大学里进行为期 3 天的集中授课,大家可能认为 3 天时间不足以学到很多东西,但事实证明学习效果好得出乎意料。

有时我会遇到十年未见的毕业生跟我说"那时候的集中授课真是有趣呀"。规定的时间内更能让人集中注意力。

我衷心希望大家可以把这本书当作是五天短期集训的内容列表来阅读。

比如第一天的"尝试写书评"这一课题,哪怕一个也可以,希望大家尝试在网络上发表书评。哪怕只写一段书评,也能让自己产生锻炼热情。

即使仅在记事本上写课题也有效果。因为通过"动笔"能够唤起思考的意识。

我在自己的课堂中经常会运用到本书所写的内容，效果十分显著。在就职活动中，效果也会更加突出。

虽然以书本的形式与大家分享可能无法训练大家，请大家发挥想象，当作在我的课上一样进行实践。

"5天"是唤起意识所需要的时间。

一旦唤起了意识，下一个阶段中就会"养成习惯"。

我希望大家通过在记事本上记录以养成用心习惯。如果能够达到"注意到的时候，自己已经自觉养成了习惯"这种状态的话，就可以说已经掌握了这项技能。

本书得以付梓，衷心感谢岛田荣昭先生和PHP研究所的姥康宏先生的大力支持。在两位先生的协助之下，我才能完成这本目标明确、可操作性强的"智慧的训练指南"。再次表示衷心地感谢。

我们正处在惊涛骇浪之中，乘风踏浪、一往无前所需要的是知识的力量和技巧。

如果此书在您前行的路途中能唤醒您知识的力量和技巧，作为作者我将感到无比喜悦。

斋藤孝

出版后记

当被别人问道"你有什么想法?"时,经常张口结舌,不知道应该如何回答;开会讨论时,面对别人询问的眼神,思来想去最后只能说出"我没意见"……相信应该不少人都有过这样的经历。

我们无法招架这些场合的原因之一就是我们根本"没想法",但是在任何场合下,对事物都有"自己的想法"并能够立即表达,正是当今职场中不可缺少的能力。与在工作中只会等待上司指示的员工比起来,真正有"自己的想法"的人在职场中会更有优势,获得更多的机会。

本书作者斋藤孝,是日本明治大学的教授,也是一位教育学者。有关如何系统地形成自己的想法,对任何事都言之有物,他个人有着独到的见解,这一点从本书中也可以体现出来。除此之外,他也发表了诸多商务、教育学方面的著作。

如何打造你的独特观点

在本书中，作者以培养独立思考的能力为目标，以"5天集中授课"的形式，从如何写评论，到通过读书来提高知识素养，为自己的话题提供技术支持，再到如何做出决策，系统性地阐述了如何按照这5个步骤训练独立思考的能力。"5天"是唤起意识所需要的时间。一旦唤起了意识，下一个阶段中就会"养成习惯"。

相信读过这本书，你就能够在任何时候都能立即提出"自己的想法"，让别人觉得你"不太一样"。

服务热线：133-6631-2326　188-1142-1266

服务信箱：reader@hinabook.com

后浪出版公司
2017年3月

图书在版编目（CIP）数据

如何打造你的独特观点 /（日）斋藤孝著；巩露霞
译. -- 北京：北京联合出版公司，2017.5（2017.8重印）
ISBN 978-7-5596-0342-5

Ⅰ. ①如… Ⅱ. ①斋… ②巩… Ⅲ. ①成功心理—通俗读物 Ⅳ. ① B848.4-49

中国版本图书馆 CIP 数据核字（2017）第 090239 号

ITSUKAKANN DE "JIBUN NO KANGAE" WO TUKURU HON
Copyright © 2014 by Takashi SAITO
Illustrations by Natsuko KIGUCHI
First published in Japan in 2014 by PHP Institute, Inc.
Simplified Chinese translation rights by arranged with PHP Institute, Inc.
though Bardon-Chinese Media Agency

如何打造你的独特观点

著　　者：［日］斋藤孝	译　　者：巩露霞
选题策划：后浪出版公司	出版统筹：吴兴元
特约编辑：李雪梅	责任编辑：李　征
营销推广：ONEBOOK	装帧制造：墨白空间·韩　凝

北京联合出版公司出版
（北京市西城区德外大街 83 号楼 9 层 100088）
北京京都六环印刷厂印刷　新华书店经销
字数 96 千字　889 毫米 ×1194 毫米　1/32　5.5 印张
2017 年 8 月第 1 版　2017 年 8 月第 2 次印刷
ISBN 978-7-5596-0342-5
定价：36.00 元

后浪出版咨询（北京）有限责任公司常年法律顾问：北京大成律师事务所　周天晖 copyright@hinabook.com
未经许可，不得以任何方式复制或抄袭本书部分或全部内容
版权所有，侵权必究

本书若有质量问题，请与本公司图书销售中心联系调换。电话：010-64010019